高情商沟通

提升个人竞争力的43个超实用心理策略

白丽洁　著

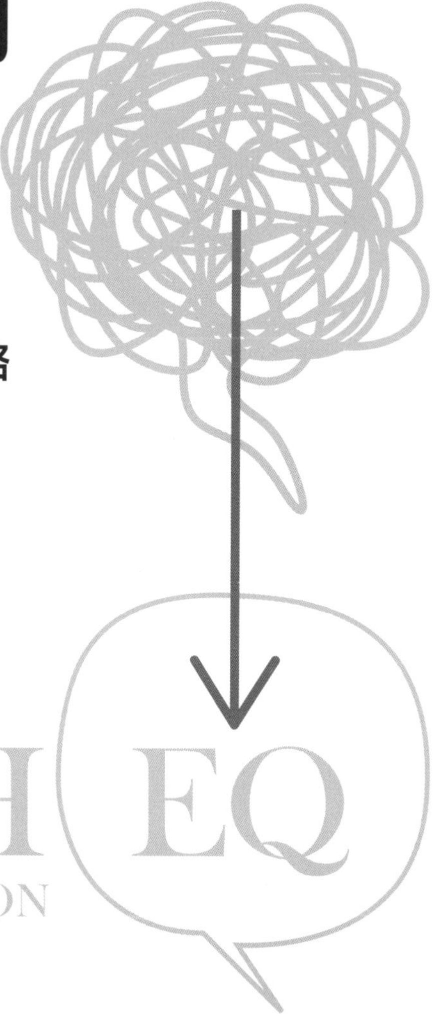

HIGH EQ COMMUNICATION

中国法制出版社
CHINA LEGAL PUBLISHING HOUSE

前言 PREFACE

在美国，有这样一个说法：每个人与总统只有六个人的距离。你相信吗？

1967 年，美国哈佛大学心理学教授斯坦利曾经做过一个试验，他将 160 封信分别交给不同的志愿者，要求他们将这封信送到波士顿的一名股票经纪人手中，前提是他们只能寄信给自己认识的人，并且寄信之前要在信封上署上自己的名字，每次传递都需要遵循这个规则。结果，这些信件中有一部分真的到达了目的地，并且信封上的名字都不超过六个。研究人员从这个试验中得出了后世广为流传的“六度分隔”理论，也被称为“小世界”理论。

这个看似不可思议的试验，不仅印证了我们某些时候“世界真小”的感慨，同时也给了我们一个深刻的启示：人际关系的作用比我们所想象得更强大。

一份调查报告也证实了这个观点：一个人赚的钱，12.5% 来自知识，87.5% 来自人际关系。人际关系对我们生活的影响是实实在在的。在本书中，我们将从人际关系的角度诠释如何运用心理学知识改善我们的生活。

我们周围的人，包括自己有时候都会产生一种抱怨：为什么我明明才华横溢，却一直不得志？为什么那些看起来不如我的人，却能平步青云、春风得意？也许，我们可以将之归结为机遇。机遇是许多成功人士都非常看重的一个因素。一项调查显示，“机遇”曾经被中国百富榜上 60% 的企业家认为是十大财富品质之一，并名列前茅。但是，这些成功人士不会告诉我们的是，机遇的潜台词其实是人际关系。生活在这样一个瞬息万变的时代中，我们谁都不能否认信息的重要性。的确，时代的发展使得信息对人们的影响越来越大，虽然我们可以通过报纸、电视、互联网等渠道来获取有效信息，但是这些都没有来自真实人际关系的信息更为直接和可靠。你认识的人越多，获得的信息就越广泛和准确，拥有的信息越丰富，获得的发展机遇也就越多。

当然，人际关系带给我们的好处并不只是简单的信息传播，很多时候它也是一个人优秀品质的代言。在商务往来中，人们大都不愿意接受陌生人的拜访，因为两个陌生人之间的合作会经历很烦琐的过程，从熟悉到了解，再到考察和信任，这是一个漫长且充满不确定性的过程。在这个过程中你需要作出判断，而判断就面临着风险，它所产生的责任并不是每一个人都愿意承担的，因此人们本能地抗拒陌生的合作对象。但是，假如这个陌生人是一个你所熟悉的朋友介绍的，这时候情况就会发生很大的改变。不是碍于朋友的面子，而是出于对朋友眼光的肯定。因为，一个能够和你结交同样朋友的人，他的身上也一定会有你所欣赏的品质。我们有理由相信，一个拥有良好人际关系的人很有可能是一个可靠的、值得信任的人。

以上种种，都是良好的人际关系带给我们的好处，也是人际关系在现实生活中发挥的作用。那么，仅因为如此我们才会重视它吗？

不，这些并不是根本的原因。我们之所以会重视人际关系，除了它可以带给我们更多机遇，更重要的是它还是来自心灵深处的需要。美国著名的心理学家马斯洛将人类的行为动机归结为需要，提出了著名的金字塔需求层次理论。这个金字塔从底端到顶端依次是生理需求、安全需求、社交需求、尊重需求和自我实现需求。这五种需求从低到高激励着人们的行为，我们在满足了低一级的需求之后自然会进入上一层级的需求，这是人类成长的过程，每一个人都会经历。而这些需求中除了最底层的生理需求依赖的是空气、食物、水之类的物质，其他无不关乎心理，它们的满足也只有通过人际交往才可以实现。

不管我们愿不愿意，也不管我们是否已经察觉到，人是从一来到世间就开始与他人发生着千丝万缕的联系。几乎是从成为生命体的那一刻开始，人们就尝试着和他人建立一种和谐的关系，尽管这第一个他人就是他的母亲。我们通过观察可以发现，幼儿在进入三岁之后，群体意识开始变得明显，他们有了一些固定的玩伴，会因为彼此之间的关系或开心，或苦恼，这些表现和我们成年人对人际关系的态度其实是一样的，都是由人的社会属性所决定的。人生来就身处社会之中，而社会是由许多不同的个人组成，一个人和他人的关系也决定了其自身在社会中的地位。在远古社会，人们为了生存，维护自身的安全而选择了群居生活，从那一刻起人就开始了对群体的认识和依赖。群体不仅满足人们的安全需要，同时还满足人们社会交往的需要，人们在彼此的交往中获得理解、关爱、尊重和被尊重的情感满足，不仅使自己的情感得以宣泄，同时还体会到来自同伴的爱，从而实现自我存在的价值。这是激励人类行为的深层动机。

从个体方面来看，每个人从一出生都是独立存在的个体，随着成长，我们会逐渐认识到个体的孤立性，这种客观的存在很容易转化为一种内心的孤独感。正像我们上文所说的那样，人不可能独立存在，我们的生活时时刻刻都需要和他人打交道，和社会打交道，我们在这种交往中获得自己的满足，同时也感受到归属和被爱的感觉，这些都会产生一种安全感。因此，当一个人的人际关系缺乏或者不和谐时，他就会感觉到孤单和不安全，这种孤单和不安全会加深个体对社交的恐惧，从而对生活和工作学习产生不良的影响。为了摆脱这种因为孤独而带来的不安，人们选择增加与他人交往，选择重视人际关系。事实证明，这确实是一个明智的选择。

如果你认为自己的人生还不够完满，如果你想为自己追求的幸福再努力一次，那么请从现在开始重视你的人际关系，因为良好的人际关系是人生幸福重要的决定因素之一。

目录

CONTENTS

CHAPTER 01

第一章

从“我”开始的人际关系

在日常生活中，我们经常用为人处世能力来考量一个人人际关系的好坏，所谓“先做人，后做事”，人际关系的好坏关系到一个人的人际网络是否有效，也与一个人的做事效率密切相关。而这一切都围绕着一个核心的因素——“我”。

第一节 做一个让别人喜欢的人

人际关系的好坏，很大程度上取决于人自身。做一个让别人喜欢的人，你的人际关系也会随之变得非常融洽。

有一个流传很久的故事是这样的：从前有一个小男孩，经常一个人跑到山里玩。时间一长他就发现，每次他在说话时总会有一个若有若无的声音在应和。小男孩很好奇，于是他对着大山喊道："你是谁？"对面传来同样的声音："你是谁？"小男孩又说："你叫什么名字？"山那边也传来："你叫什么名字？"无论小男孩说什么，对方都是以同样的话作为回答。碰到这样一个"模仿"自己的人，小男孩觉得很愤怒，于是他大喊道："你真讨厌，你出来，我要捉住你。"结果对面也凶巴巴地说道："你真讨厌，你出来，我要捉住你！"小男孩很害怕，哭着跑回了家。

他把在山中的经历告诉了妈妈。妈妈听后微笑着对他说："你可以去和他交朋友试试啊。"听了妈妈的话，男孩又跑进大山里，对着山的那边喊道："对不起。"对方也回了一个："对不起。"小男孩又说道："我们交朋友吧。"对方也说："我们交朋友吧。"这次，小男孩高兴极了。山那边的"人"终于开始对自己友好了。

同样，生活中我们与之打交道的人就像是故事中的“回音”一样，他的反应在很大程度上取决于你是否是一个让人喜欢并且友善的人。

做一个让别人喜欢的人，我们可以从表情做起。俗话说“相由心生”，一个人内心的真实情感会直接表现在他的面部表情上，而对方也很容易通过面部表情来判断出我们内心的真实想法。

在一场华丽的宴会中，一位刚刚获得一大笔财富的妇人想让别人都认识自己，为了给大家留下一个深刻的印象，她花费了很多钱，置办了名贵的大衣和珠宝等，但是一场宴会下来，除了刚开始有几个熟悉的人和她打招呼，其他人似乎都不怎么愿意搭理她。因为，只要人们稍加留意就会发现，这个妇人的表情冷冷淡淡的，除了会对她想要结交的人露出谄媚的笑容，其他时候都是一副尖酸挑剔的表情，这让人们看到了她内心的自私。没有一个人愿意和这样的人做朋友。这位妇人恐怕至今也不会明白，一个人的修养比她身上所有的装饰更加重要。

在众多表情中，最招人喜欢的要数笑容。曾经有人说，动人的微笑价值百万。虽然微笑的价值我们并不能用金钱来衡量，但是在现实生活中我们无时无刻不在感受微笑的魅力。

拥挤的候诊室中，人们不耐烦地等待，疾病引发的痛苦让空气中充满了沉闷、不安的气息，迈克也是其中的一员。他不停地看着手表，诅咒着该死的天气，同时也痛恨自己为什么要在这个时候生病，看着周围拥挤的人群，他的病痛好像更加明显了。

迈克处在焦灼不安中，他没有注意到一位女士已经坐到了他的旁边。百无聊赖中，迈克开始不停地向四周张望，突然一张纯真的笑脸映入迈克的眼帘，迈克注意到这张笑脸是来自他旁边那位女士怀中的婴儿。迈克被这张纯真的笑脸感染了，他也向这名婴儿露出微笑，后来那位女士也开始向迈克微笑，他们慢慢地开始低声交谈。不一会儿，整个候诊室的气氛全变了，人们似乎已经忘记了各自身上的病痛，开始互相关心和问候起来。时间就在这样的脉脉温情中很快过去了。谁也不知道这中间究竟发生了什么，改变了候诊室中原本的气氛，迈克也说不清楚。但是，他知道改变自己心情的是那个婴儿的微笑。

这样的事情你会不会觉得很熟悉？微笑的作用就是这么神奇，它不仅令自己愉悦，也能令别人愉悦。微笑是心境平和的一种情绪表达，它代表着乐观、积极，充满自信，吸引着人们去靠近；同时，微笑也表达出一种友善的情感，是对对方的一种无声的认同和赞赏，它可以快速拉近人们彼此间的心理距离。拿破仑曾经这样总结微笑的力量："真诚的微笑，其效用如同神奇的按钮，能立即接通他人友善的感情，因为它在告诉对方，我喜欢你，我愿意做你的朋友，同时也在说，我认为你也会喜欢我的。"

但是，微笑有一个前提，那就是一定要发自内心。只有发自内心的微笑，才能表里如一，具有感染他人和打动人心的力量，成为真正的社交通行证。

另外，做一个让别人喜欢的人，要学会真诚地去关爱别人。

爱是一种情感，也是一种需要，人人都希望得到别人的关爱，关爱别人的人也更容易赢得他人的喜爱。荷马·克洛维是一个作家，但是他的人际关系比他的作品还要出名。据说，大多与他交往的人，不管是百万富翁还是老幼妇孺，都能够在十五分钟内对他产生好感。他没有英俊的相貌，也没有过人的才华，却拥有吸引人的魅力，原因只有一个——他从不矫揉造作，总是能让别人感受到他发自内心的关爱。

每当他遇到一个陌生人，都不会关心对方是什么人，做什么事，对于他来说只要是一个人，都是值得关心和爱护的。他总是热心地询问别人家是哪里的，家里有什么人，最近过得怎么样，等等。如果对方不愿意回答，他也不会唠唠叨叨地强迫别人，只会真诚地表现出自己的兴趣和关心。遇到心情不好的人他会耐心开解，遇到陷入困境的人他会热情地施以援手。他从不过多谈论自己，总是尽量谈对方的事情，在他们的交谈中，对方感受最多的就是来自荷马·克洛维的关心和尊重。荷马·克洛维的这种品质不仅为他赢得了许多朋友，家人也十分爱护他。他的妻子、女儿，还有好几个孙女，甚至生活在他周围的人，全都非常喜欢他，对他赞不绝口。

世界上著名的人际关系大师卡耐基也说过：待人诚恳、热爱人类的人将备受欢迎。因为觉得被人爱的感觉比其他任何东西都更能提高人的热情。

人际关系中最大的障碍来自人们内心的自我保护，这种自我保护是出于安全的心理需要，而被爱的感觉能够增强人的归属感，进而增强人的安全感，在人的安全感得到满足的情况下，由于自我保护所产生的戒备心理就会放松，这时人们便会主动进入人际关系的良性发展轨道。在这个过程中，谁先迈出第一步是很重要的。一般来说，主动做出表达爱的行为，给对方被爱的感觉的人都是勇敢的，因为他敢于主动卸下自己的铠甲，用诚实、温暖的态度去接纳他人，这样的人很容易让对方感受到自己的善意。这时，无论是出于归属感的需要还是感动，对方的内心都很容易被打动。这也是真诚爱人的人更容易得到别人喜欢的原因。

值得注意的是，爱不是挂在嘴边的甜言蜜语，也不是偶尔表现出的主动热情，而是一种长期的、由里及表的实质行动。爱人没有捷径，只有长期的坚持不懈，主动施予，才能真正打动对方。

做一个让人喜欢的人，其实是做一个喜欢别人的人。无论是真诚的微笑，还是发自内心的关爱，表达的都是我们发自内心的对他人的喜欢。心理学研究告诉我们：人们总是愿意接近对自己有好感的人。因此，不要吝啬自己的情感，大方地对周围的人表达自己的喜欢和善意，一定可以收获一份不错的人际关系。

第二节　外圆内方的处世原则

在人际关系中，人人都希望可以左右逢源，却很排斥“圆滑”。而最理想的境界莫过于“外圆内方”，处世外圆内方，在人际关系中就可以如鱼得水，心想事成。

外圆内方的道理，很多人都听说过，似乎也明白它的意思。究其实质，它指的是一种做人的艺术，是指一个人表面上很随和，但是内心方正，有自己的原则和底线。具体到实际生活中，它指的是人们在处理纷繁的人际关系时要懂得灵活变通，在不牵涉大是大非和违反自己内心原则的情况下，随机应变，最大限度地维持人际关系的和谐。

清末有位叫作陈树屏的人在江夏做知县时，恰逢张之洞任湖北总督。张之洞和当时的抚君谭继洵关系不和，两人经常不分场合地针锋相对。一次，陈树屏在黄鹤楼宴请两位，当他们在席间谈到江面宽窄时，张之洞说是七里，谭继洵却非说是五里。两人争执不下，谁也不愿意在对方面前退让。陈树屏谁也不敢得罪，但也不能让他们一直争执下去。想了片刻，陈树屏说话了，他言辞恳切地说道：“两位大人都没错，江面涨潮时就宽到七里，落潮时便变为五里。”两人本就是为了给对方难堪而胡说八道，这时陈树屏的一句话为双方都找到了台阶，他们也就顺势结束了争论。弥漫在席间的硝烟尽散。

人生处世本就有“直”和“曲”之分，直来直去、本性流露固然是尊重真相，但是在某些情况下容易得罪别人，给自己带来不必要的麻烦。如上文故事中的知县陈树屏，他明知江面既非五里宽，也非七里宽，但是假如他将这个事实当众说出来，不仅不能为两位大人解围，同时也势必将自己带入是非之中。在这里，面对“江面宽度”这个无关大局和原则的事情，陈树屏的选择和处理无疑是正确的。

其实在生活中的大多数时候，一个人想要做到外圆内方并不是那么难，难就难在坚持时时、事事做到内圆外方。而要做到这一点，则必须对外圆内方有一个全面、深刻的了解。

唐朝名相李泌幼时就有“神童”之称，七岁那年，应召入宫。当时，唐玄宗和魏国公正在下棋，唐玄宗想试试李泌的才能，便示意魏国公考考他。魏国公以棋为题：“方，好比是棋局；圆，好比是棋子；动，犹如使棋活了；静，就是棋死了。你能用方、圆、动、静四字来比喻弈棋的道理吗？”年幼的李泌稍加思索，脱口吟道：“方如行义，圆如用智；动如呈才，静如遂意。”此言一出，唐玄宗和魏国公无不诧异。古人常说“人生如弈棋”，李泌不仅道出了弈棋的道理，也道出了做人的真谛，更是“外圆内方”处世原则意蕴的最佳注解。

“方如行义”道出了为人处世的自足之本。要做到“外圆内方”，功夫首先要花在“内方”上，“内”指的是一个人的人格、灵魂。所谓“内方”，就是要做到人格独立、内心正直。只有这样，一个人才具有了立世之本，才能“方”得有理。“方如行义”，一个人要做到“内方”，必须胸怀大义。这个大义是指一个人对国家和民族的满腔热情，对自己所从事事业的忠诚和热爱以及对真理百折不挠的追求。这个大义是每个人为人处世的心理底线和原则，违反了这个原则就谈不上“内方”。而一个人只有坚守住自己内心的原则，才能够在面对问题时不左右逢迎、颠倒黑白、随波逐流；面对错误的思想和行为时敢于挺身而出，勇敢面对，做一个正直的人。

在做好了“内方”的基础上，我们也要注意做好“外圆”。这里所讲的“圆”，并不是精于世故、老谋深算，而是一种高超的处世艺术，正所谓“圆如用智”。“圆”讲究的是张弛有度，把握分寸；“圆”倡导一种豁达、一种大度、一种宽厚、一种善解人意、一种与人为善。在为人处世中，要力争达到“和谐圆满”的境界。遇到事情，要充分发挥自己的智慧，在交往中学会把握自己的情感，驾驭自己的意志，以开阔的心胸处事。时刻将“与人为善”作为自己交际的原则，尽量少和别人发生分歧，产生矛盾。真正遇到麻烦时，要本着“大事化小，小事化无”的态度去友好、宽容地对待，处理事情要讲究方式方法，把原则性和灵活性结合起来，这样才能春风化雨，实现人际关系的和谐。

“外圆内方”不仅是一种处世的原则，也是构建和谐人际关系的一个准则，在实际的运用中我们要力求将“外圆”和“内方”结合起来。八面玲珑，只圆不方，做人未免圆滑。这样的人虽不与别人冲突，但是也很难走进别人的心中，所谓的人际关系融洽不过是一种表象；棱角分明，只方不圆，做人太过死板，这样不仅容易伤害别人，最终还会伤害到自己。 这样的人虽然更真实，却让人难以靠近。只有处理好两者的关系，做到大事讲原则、小事讲风格，待人真诚，以理服人，以情感人，热心助人，厚德容人，才是真正的“外圆内方”。

不仅数千年以来的中国文化如此，古希腊哲学家亚里士多德同样提出人应该具有四种美德：谨慎、公正、勇敢、克制。他认为公正与勇敢是一个人的内心需要具备的品质，类似于我们所说的“内方”，但是“谨慎”和“克制”则是指处理事情时需要具备的素质。“勇敢”如果没有“谨慎”和“克制”相伴，也可能变成莽撞；不计后果的公正也可能为自己招致祸害。因此，亚里士多德还特别指出：做正确的事情也不能莽撞行事，过多的勇气其实就是不计后果。在许多情况下，是非对错并非像我们所想的那么简单，做到心中明了即可。在实际的处理中要谨慎从事，妙语化解，找到勇敢行为和谨慎克制的最佳平衡点。

值得我们注意的是，在许多时候要做到外圆，就不得不在一定程度上进行妥协。但是这种妥协并不是耻辱，也无须感慨无奈。我们每个人的心中都有自己的是非曲直，这些很大程度是建立在自身的利益基础上的，但是每个人都是一样的，你不妥协是因为不想损害自身的利益，而他人亦如此。因此一定程度上的妥协是一种利益的让步，意味着我们的内心将对方的利益看得和自身利益一样重要，这是一种对他人的尊重。在讲究平等的现代社会，只有尊重他人才可能获得他人的尊重。

第三节　情商和社交商真的存在吗

尽管“情商”一词已经进入中国多年，真正被重视却是近几年的事情，更不用说“社交商”了。许多人也许还未真正听说过“社交商”一词。那么，“情商”和“社交商”，它们真的存在吗？

从我们的生活经历来看，“智商”在人们的观念中有着根深蒂固的影响。回顾学生时代，尤其是中小学阶段，那些学习成绩好的学生不仅会得到老师的青睐、同学们的羡慕，同时还让家长觉得很自豪。邻居的一句“你家孩子真聪明啊”会让父母从心底觉得开心和安慰，这时的聪明和成绩好都是对一个人智商的肯定，家长和老师也普遍重视学生的智商培养。但是，这句“聪明”的含义在当年的孩子们成年之后发生了改变。如今，假如我们对一个成年人作出“聪明”的评价，则更多的是指一个人的为人处世，也就是交际能力比较强。换句话说，这种聪明更多的时候指的是一个人的“情商”和“社交商”比较高。

我们中的许多人都应该看过电影《阿甘正传》，那是一部风靡全球的美国大片，上映之后的若干年里，阿甘几乎成了一位励志偶像，尤其是对于那些从小就被别人定义为“差生”和“脑瓜不聪明”的人来说。影片的主人公阿甘是一位智商只有75分的人，这样的低智商让他即便是进入小学都显得困难重重，但就是这样一个被别人认为是傻里傻气的人，最终成了一个非常成功的人。而周遭那些比他聪明的同学、战友活得并不成功。

那些从小成绩就好，被老师、家长们赞为“聪明”的孩子，长大后真的就与众不同了吗？大多数也只是“泯然众人矣”，相反，从小不被大家看好，甚至经常遭到嘲笑的差生却也有出人头地者，最后令人跌破眼镜的是当年的“夫子”，那些一心埋头读书、两耳不闻窗外事的学生，往往无法适应社会，走出校门后举步维艰。

于是，就在《阿甘正传》播出的同一年，美国心理学博士丹尼尔·戈尔曼出版了《情商》一书，这本书不仅奠定了戈尔曼博士在心理学界的重要地位，同时也掀起了一场反对“智商暴政”的风潮。一个“智商决定成功”的神话被打破了，取而代之的是新的公式：成功=20%的智商+80%的情商。随着2006年戈尔曼的《社交商》一书中研究成果的公布，除了智商和情商外，社交商也成为影响人类行为的一个重要因素。

现在，我们来正式认识一下所谓的情商和社交商。情商和社交商是相对于智商而言的。智商是指人类把握世界（环境和人）的多方面的信息，并作出恰当的反应，以获得幸福和快乐的能力。我们习惯性地以理性和量化的方式来衡量人类把握世界的能力，它的有效性依赖于特定的情境，如考试或者测试。这种方式将人的思维变得单一化，忽略了现实世界的复杂性和人智力的其他维度，如情感因素、社交因素。因为人毕竟不是机器，人脑也不能像电脑一样不受任何自身情绪和外界环境的影响。

针对以上的不足，心理学家又提出了“情商”和“社交商”的概念。情商，简称EQ，主要是指人在情绪、情感、意志、忍耐挫折等方面的品质；社交商，也称社交能力，它可以分为社交意识（我们对他人的感知）和社交技能（我们的后续行为），它的产生主要依赖于大脑中负责交际的神经区域和负责情商的区域存在交叉。

在丹尼尔·戈尔曼看来，人的七种基本能力——自信、好奇、意图、资质、人际关系、沟通能力、合作都与EQ有关，而社交商更是人类的一种基本生存能力。可以毫不夸张地说，一个人情商和社交商的高低不仅决定着他是否可以拥有良好的人际关系，同时也决定着他是否可以走向成功。当然，成功对于每一个人来说，在每个阶段的定义都是不一样的。对于一个十二岁的男孩来说，收获友谊就是一种成功。

三个十二岁的男孩走在去足球场的路上，前面的两人身材匀称，一看就是运动健将，落在后面的那个小男孩看起来微胖。他似乎跟不上前面两人的步伐，突然，前面的男孩转过头来，看着微喘的胖男孩嘲笑道：“你也想要尝试踢足球吗？”

语气中的轻蔑让这个胖胖的小男孩感受到了侮辱，下一秒钟，他们很有可能打起来。

只见，这个胖男孩闭上眼睛，做了个深呼吸，就像是准备战斗一样。接下来，出人意料的事情发生了——他转过身去，平静地说道：“是的，尽管我足球踢得不怎么样，但是我还是要试一试。”顿了一下，他又接着说道：“不过我的美术棒极了，不管看到什么，我都能把它画得惟妙惟肖。”然后，他指着嘲笑他的那个男孩说道：“至于你，你的球技真的很棒，真的很高超！我希望有一天自己可以像你一样，可总是做不到。但是我想不断练习，我总会提高一点的。”

听到这话，那个嘲笑他的男孩变得不好意思起来，他友好地说道：“其实你也没有那么差了，我们可以一起玩，我来教你几招吧！”

就这样，原本可能发生在这三个小男孩之间的战争，最终以和平收场，胖男孩不仅成功地控制了自己的情绪，还从另一个层面引导了他人的情绪，当友谊之花在这三个小男孩身上开放时，我们不得不感慨高情商和社交商的胖男孩已经获得了属于自己的成功，并且拥有了一种让自己和他人都感觉到幸福的能力。如果你是这样的“小孩”，你还怕不能拥有良好的人际关系吗？

1920 年，哥伦比亚大学心理学家爱德华·桑代克曾经说过：“幼儿园、操场、营房、工厂和商场，到处都能发现社交商的踪迹，但是在实验室等人为的场合，它却不存在。”显然，我们生活的环境永远存在着许多令人始料未及的变化，它远比实验室要复杂得多，因此，我们不得不重视社交商。同样，在有人类存在的地方，就无法忽略情感的因素，包括社交也是如此，可以这么说，所有的情感都具有社交性。这也难怪，人们经常会将情商和社交商的概念混为一谈。但是，无论它们是两个截然不同的概念也好，又或者它们原本就有交叉，都是我们构筑良好人际关系所不可缺少的素质。

尤为令人欣喜的是，情商和社交商都是可以后天培养的，而且现代的心理学研究已经证实，情商和社交商的发展在一定程度上还可以促进智商的提高，这不仅改变了“智力天生”的论断，同时也给为人际关系所苦的人们带来了希望。但是，在想办法培养和提高我们的情商和社交商之前，我们必须先纠正几种关于高情商的错误认识：

一是将“老油条”错误地认为是情商高。“老油条”一般具有以下特征：善于揣摩人心、理解能力强、见什么人说什么话、做事精明等。这样的人虽然情商也不低，但是还算不上是高情商。在社交中，充其量只是落得“圆滑”的评价，因为他们并不具有带动周围人情绪的能力，尤其是引导他人情绪方面的能力。

二是善于隐藏情绪就是高情商。我们常说有些人“喜怒不形于色”，这样的人往往具有很好的情绪控制能力，而情绪控制能力也是衡量情商高低的一个指标。但是情绪也分好坏，对于坏情绪如果不能及时加以疏导，很有可能形成心理问题，这样于人于己都不利。事实上，高情商的人总是善于将自己的坏情绪及时通过自我调解进行转化，并且懂得在适当的时候表达自己的情绪，当然这种表达出来的情绪大多数情况下都是正面的、积极的。鉴于情绪的传染性，也只有如此，才能够吸引更多的人愿意与之交往。毕竟，没有人愿意和整日愁眉苦脸的人打交道。

三是认为“忍气吞声”就是情商高。这和第二种有些相似。我们认为，不管是“忍气吞声”还是“喜怒不形于色”，究其实质，它们都是一种情绪控制的能力，离“高情商”的概念还差得很远。上文中我们曾经提到过，高情商或者说社交商高的人有一个显著的能力，就是能够引导别人的情绪。如果你能将别人的情绪引向正面，那么发生冲突的可能性就避免了，这样的情况下又何须“忍气吞声”呢？

由此可见，我们要培养自己的情商和社交商，首先可以从对情绪的掌控能力方面入手。其中主要包括：控制自身情绪的能力、解读他人情绪和意图的能力、影响他人情绪的能力，而想要做到这些有一个前提：关注别人的情绪，并使之成为一种长期的、稳定的习惯。如果我们能够做到这些，良好的人际关系便离我们不远了。

第四节　价值观对人际关系的影响

人总是愿意和与自己有着相同爱好秉性和相同价值观的人交往。换句话说，如果一个人的价值观没有问题，并且属于主流，那么他的周围应该会聚集许多相似的人，这个人的人际关系也不会有太大的问题。

但是，以上的结论仅仅是一种假设，至于拥有同样价值观的人最终是否能够和谐相处，和这些人表达的方式有一定的关系。那么，人际关系中的表达方式又与什么相关呢？我们仍然不得不回到价值观这个问题上来。

什么是价值观？价值观是一种标准，是一种处理事情时判断对错、选择取舍的标准，也可以说是深藏于内心的一种准绳，它在很大程度上指引着人们的行为。如果具体到人际关系方面，我们也可以这么理解：一个人关于人际关系的行为取决于这个人如何看待人际关系。

从表面上看，人际关系和生产力的发展以及社会价值观的导向有着直接的关系。比如在封建社会，我国处于封闭的小农经济时代，生产力还不是十分发达，人与人之间需要团结合作，才能够一起对抗自然因素，而物质的交换也从另一方面促使人们之间必须进行交往。在这样的情况下，朴素的人际关系得到了普遍的重视。另外，深受儒家“重义轻利”价值观影响的人们，在人际交往中表现出更多的“重义”倾向，这种“义”不受地位和利益关系改变的影响，表现得较为长期和稳定；但是随着生产力的不断发展，尤其是到了近代，人类社会进入工业化时代，科学技术越来越多地被我们应用在平常的生活中，人们之间的人际关系也出现了很多问题。工业化使人们在尝到物质丰富带来的甜头之后，也给人们带来了信任危机。这种信任危机产生的根源就是因为人人都希望得到更多、更好的物质利益，因此以往的“重义轻利”开始演变为“重利轻义”，人与人之间的交往充斥着利益因素，人们是否要发展一种人际关系的标准开始演变为“这个人是否对我有用”。有用才有发展的可能，正像那句名言所讲的那样：没有永远的朋友，只有永远的利益。

是主导我们人际关系的价值观发生了改变吗？作为一个有着五千多年优秀历史文化和核心价值观的民族，价值观的改变并不是一件容易的事情，或许改变的只是我们所处的外部环境。对比一下古人和现代人的活动区域吧：在古代，人们出行是一件极为不方便的事情，如果你经济富裕还好，可以有马车，可以坐船，但是大部分人一生都生活在一个狭小的环境里，即便是那些用车船走出去的人，他们扩大的活动区域相较于“不出门便知天下事”的现代人来说也仍然是狭小的。在一个相对狭小的活动范围内，人们接触到的大多是自己的亲戚、族人或者是和自己非常熟悉、相似的人，因此人际交往中更注重“交心”，也就是用情感去维系人与人之间的关系。作为一个现代人，我们大概早已经不屑于这种“交心”，但是假如你曾经经历过一段刻骨铭心的感情，你就会明白情感较之于利益，稳定性会强许多。

那么现代人呢？随着开放的市场经济的引入和互联网的普遍运用，我们即使整日坐在家中，也会看到各种各样的事情发生，也会见识到许多形形色色的人，如此一来，人际关系的范围就开始一点点地发生改变，从互相认识的人，到稍微相熟的人，再到陌生人，再到跨地域、跨国界的人，这些不断增加的人也不断丰富着我们的人际关系。不同区域、不同国别的人由于生活环境的不同，在价值观上必然会表现出很大的差异，而出于对自身利益的保护，人们也会本能地选择最有利于自己的一种人际交往形式。在这种情况下，“交心”有些时候显然已经过时了。注意，我们说的是“有些时候”。但是作为终日忙忙碌碌的现代人，我们又怎么会有空闲的时间去审视什么是“有些时候”呢。正因如此，人际关系慢慢就演变成为一种建立在利益基础上的关系。

话说至此，我们不得不感慨现代人的无奈，在面对社会舆论关于“冷漠”的指责时，我们已经无力辩解。这是一个社会性的问题，它并不是仅靠一个人或者几个人的力量就可以解决的。如此，我们真的就要听之任之了吗？不，这不仅与我们中国传统的价值观有悖，而且如此下去还会产生严重的社会心理问题。

或许大家已经发现，由于和西方文化产生的背景不同，中国人从古代起就对“人际关系”特别重视，在中国的古老文化里，有一个词叫作“天人合一”，这是中国人的最高理想——人与自然和谐相处。但是在尚未达到这一理想境界时，中国人也是很实际的。我们的祖先们首先将着眼点放在了人与人之间的关系建设上，并且创造出了一大堆诸如“仁”“义”“礼”“智”“信”等准则来规范人们的行为，直至今日，它们对我们的影响仍然存在。

我们可以看到，人的一生中的每个阶段都会存在重要的人际关系，如年轻时的男女关系、成年后的亲子关系、工作后的同事关系和上下级关系等。人际关系内容如此丰富，有些人不禁会怀疑，这些真的有用吗？它们能够给人带来幸福吗？

这个答案会因人而异。但是有一点我们可以肯定，如果你的人际关系不好，你一定会觉得非常痛苦，因为在一个人人都重视人际关系的环境中，如果你成为一个异类，那么你既享受不到同伴带来的归属感，也无法享受人际交往所带来的满足感，这样高昂的代价可不是每一个普通人都有能力承受的。

综上所述，我们可以看到，价值观不仅影响着人际关系发生的方式，而且还会对个人的人际关系产生重大影响。然而，值得庆幸的是，作为一个古老的民族，我们的传统价值观还在发生作用。因此，只要我们坚持下去就一定不会迷失，也一定可以构建出一种能够带来幸福的人际关系。

第五节　让自尊和自信成为人际关系的两大基石

自尊和自信作为人格特质，已然成为衡量心理健康的标志。这些都是形成良性人际关系的必要条件，因此我们完全有理由让自尊和自信成为人际关系的两大基石。

自尊，亦称“自尊心”，是个体基于自我评价而产生的一种自我尊重的情感，并要求他人、社会、集体也能够给自身这样一种情感体验。由于自我评价有积极和消极、高和低之分，因而产生的自尊也有强弱之分。自尊心过强，则容易形成虚荣心或者过于在乎别人的评价，造成心理敏感；自尊心太弱，则容易形成自卑，缺乏正确评价自己和看待别人评价的能力，容易产生社会焦虑。

此外，由于自尊不仅是自身产生的一种情感，它还对社会、集体和个人提出了尊重自身的要求，因此自尊有时也通过社会比较来获得。如何理解这种比较呢？我们可以看一个生活中的小例子，如我们每个人都有了解自己的需要，但是我们怎么来了解自己呢？一个有效的方式就是通过别人对自己的评价来了解自己。这种评价中就隐含了一个比较的标准。我们说某个人个子高，肯定是相对于一个标准的，如一般人都身高一米七左右，他身高一米七五，这就是高。也就是说，我们通过某人的身高和一个标准相比较得出一个较高的结论。

自尊的产生也经历这样一个类似的过程。无论是通过我们对自己的评价还是别人对自己的态度获得的自尊心都是在一种比较中获得的。一般来说，社会比较有两种：一种是和比自己强的人比较，另一种是和比自己弱或者差的人比较。人们常常认为和自己强的人比较容易产生沮丧、挫折等消极情感；而与比自己差的人比较则容易产生满足、优越感等积极情感。事实上，产生积极的或者消极的情感并不是确定的，它取决于当时的情境和自我的心境。但是可以肯定的是，人们可以在这种比较中获得自尊的情感体验。

那么，这些又会对我们的人际关系产生什么样的影响呢？既然我们已经了解了自尊产生的两种途径，那么我们也应当清楚自尊产生的过程和人际交往是分不开的。从某种程度上来讲，人际关系的好坏会直接影响自我评价的结果和社会比较的客观性。不仅如此，这种影响还是相互的。自尊的强弱以及表现程度会直接影响人际关系。

阿龙是北京某公司的一个小职员，相较其他同龄人，他的生活可谓一帆风顺。从一个名不见经传的本科院校毕业后，他很快找到了一份自己喜欢的工作，薪资等各方面待遇还不错；年纪轻轻在父母的资助下已经成功在北京买房，虽然每月还背负着房贷，但是比起北漂一族已经优越许多；多年的职场生涯让他已经实现全方位蜕变，从当初一个青涩的小伙变成可以指点江山的职场高人。唯一美中不足的是，自己的终身大事还没有着落。

于是，他的许多好心的同学开始帮着他介绍、张罗。小君就是他同学介绍的对象之一。不幸的是，小君在见过阿龙一面后鉴于他的种种表现，认为彼此不太合适，就此作罢。但是阿龙的心里很不是滋味，他认为自己各方面条件都比小君好，凭什么自己相中她，她还相不中自己。因此，他开始在自己同学——也就是他们的介绍人面前，先是不停地抱怨，想让同学帮他了解一下情况，之后又开始装路人，在他同学再次提起小君时，阿龙直接说了一个“不认识”。阿龙的“健忘”程度不禁令同学对其“刮目相看”，以后再不敢给阿龙介绍女朋友了。

据小君讲，她其实并不很看重阿龙的外在条件，因为按理说阿龙除了形象一般，其他方面都不失为一个理想的结婚对象，但是让小君拒不接受阿龙的原因是吃饭时阿龙的一些话。阿龙在和小君吃饭的席间讲了许多他公司的事情，阿龙对很多事情都表现得不屑一顾，在讲到他的同事和朋友时也经常嗤之以鼻，甚至还说到了公司对他的不公和他对现领导的一些不满。小君觉得阿龙的心理有些敏感，自尊心也特别强，人际关系方面可能有点小问题。

这些和小君的人际观都是截然相反的。小君是一个心地很简单、单纯的女孩，虽然工作几年了，但是待人始终非常真诚。在她的眼里，她的同事都是一些很善良和可爱的人，尽管有时候她也会因为工作的事情被领导斥责，但她总是先从自己的身上找原因，即使有时候被别人冤枉了，她也会很快调适好自己的心情。“开朗、乐观的傻大姐”是别人对小君的一致评价，大家都很喜欢这样一个没心没肺的“傻大姐”。因此，小君总是可以很快地融入一个新环境，周围也有许多好朋友。而这些情况，也只有熟悉小君的人才知道，小君并没有因此而扬扬得意，她甚至都没有意识到自己为什么可以有这么好的人缘。她只是觉得自己有时候好像确实挺简单的，简单并快乐着。

这样的小君和这样的阿龙确实无法产生火花。你认为呢？

恋爱关系作为人际关系的一种，存在的问题本身就很具代表性。在上文的故事中，我们可以明显地感觉到阿龙属于自尊心比较强的人，也许是从小到大的“一帆风顺”以及和周围朋友的比较让阿龙的优越感太强，以至于他的自我评价过高，而在得不到别人同等程度的尊重时就会产生心理落差，这种落差让他变得敏感、格外在意别人的态度；又或许是阿龙本身的自我认知就存在问题，他在社会比较的过程中，无法客观冷静地审视自己所处的位置，一味地沉浸在为自己设定的自尊上，因此会对周围产生的种种不协调感到苦恼、愤怒。如果这样的情绪蔓延到生活中，就会形成一种焦虑，夹杂着工作生活中出现的一些问题，逐渐产生一种难以排解的压力。这种压力虽然无形，但是最终会造成一种影响他人与你接近的障碍。毕竟，我们都渴望一种和谐的人际关系，一种可以满足自身心理需求的人际关系，而不是心理包袱。

相对于阿龙而言，小君的自尊心表现得就不是那么明显，而我们在小君身上看到的更多的是自信。有人曾经这样说：“自信心是保护自尊心不受伤害的最有效武器，它就像我们身上的衣服。”每个人都会有自尊，这是一种心理上的尊严，但是自尊不应该是只挂在嘴上、停留在面子上的一种表象，它需要我们用实际行动去争取，去证明。而自信心是一种做事情时表现出来的对自己能力的信心，每当我们的自信心增加一点，就意味着我们已经做正确了一件事，而此时增加的不仅是自己的自信，还有别人的尊重，由此产生的是一种建立在自信基础上的自尊，它适当并且牢固。从另一个角度来看，自尊心得到满足也有助于自信心的形成。由于自尊要求集体、社会和他人给予自身一定的尊重，因此在这种尊重得到满足时，也意味着社会对自身的认可，这种认可是自信心形成的另一种途径。而一个人越是对自己自信，就越是能够对自己和与之交往的人进行客观评价，这些都是培养良好人际关系的基础。

总而言之，自尊和自信作为我们人格的两个重要因素，它们的表现直接影响一个人的心理健康程度，而一个人的心理是否健康也决定着我们能否客观和正确地看待周围的人和事物，决定着我们如何看待和处理自己的人际关系；反之，人际关系的好坏也会直接影响一个人的自尊和自信，影响到我们的生活质量、身心健康程度。因此，让自尊和自信成为我们人际关系的两大基石是非常有必要的。

第六节　低调做人与好心态

在生活中，我们常常有这样一种经验：如果给自己定下一个过高的目标，我们会因为实现过程中出现的困难而平添许多烦恼和压力，但是如果我们给自己定下一个相对比较低的目标，则实现起来不用耗费太大力气，更容易收获成功的喜悦和满足。做人也是如此，当你将自己放在一个比较高的位置上时（俗称高调），就会平添许多烦恼和麻烦。

首先，过于高调，容易引起别人的注意，招致打击。这点在中国的许多古语里可以得到验证，如“树大招风”“木秀于林，风必摧之”“枪打出头鸟”等。且不说是否是因为过于引人注目而遭到嫉妒，单从这个词语的字面就可以看出不合群，就像大家正在大合唱，就你的调子高，能不引起别人的反感吗？而且从深层的意义上来讲，自我定位太高确实不利于自身的发展。

其次，我们经常强调思想和行为的一致性。如果一个人的行为比较高调，他的思想一般也不会含蓄，甚至会比较激进，难免有点不太合群。这样的人容易被视为异类，被人疏离，因此会产生失落、孤独等种种不良情绪。

或许是因为这样的缘故，中国人向来将“低调做人”作为一种修身的法则，在生活中多表现出平和、谦逊、圆融、忍让等美德。的确，放低姿态，是一种做人的智慧，不仅能够很好地保护自我，还可以保护自身的既得利益少受损失。

去看过秦始皇兵马俑的人大概都看到过跪射俑。跪射俑被誉为镇馆之宝的原因不仅是由于它保存得比较完整，同时也是因为它独特的姿态和展现出的意境深深地吸引了人们。在众多出土的陶俑中，除了跪射俑外，其他种类的陶俑均受到不同程度的损坏。仔细观察，我们就会发现跪射俑相较于其他陶俑，它的姿势是跪地的，因为跪在地上，重心比较低，所以姿势也更稳。这种姿势出现在战场上时一则省力，二则利于瞄准，三则便于隐蔽，因此是一种比较适于防守和设伏的姿态。作为陶俑，这样的姿势也最终成就了它出土时的完整。因为其他陶俑大多在 1.8 ~ 1.97 米，而跪射俑只有 1.2 米。俗话说，天塌下来有高个子顶着，兵马俑棚顶坍塌时也是高的陶俑先受到冲击，受此缓冲之后，低的陶俑所承受的力量就较小，也因此成为现存保存得最完整的一类。

此外，跪射俑的姿态还深深地蕴含了一种处世之道——这也是跪射俑吸引人心的根本原因。跪射俑俯身低就的姿态恰似一些刚步入社会的张扬的年轻人，在率性而为、四处碰壁后慢慢学着隐忍，少出风头，专心做事，渐渐学会保全自己，以求得更好的发展的含蓄姿态。这正是我们为人处世特别需要的一种状态，不仅保护了自己，也蓄积了力量。

低调做人的智慧还表现在放低姿态后，可以让对方于心理上感到一种满足、一种受尊重的感觉，从而促进合作的意愿。

低调做人既是一种做人的姿态，也是一种处世的智慧。人由于自身的社会性和群体性，必然要与许多不同类型的人打交道，有些人谦虚，有些人高傲，有些人精明，有些人愚笨，有些人领袖欲强，有些人喜欢听取别人的意见，无论是以上哪一类型的人，有一点是一样的，就是大家都希望在人际交往中获得对方的尊重。而行事高调的人往往因为关注的重点在自己身上，而无法满足对方的受尊重心理，因此容易导致逆反心理的产生，于己于人都不利。低调做人则恰好相反，因为你的姿态越低，越谦虚，就越容易满足对方受尊重的心理需求，让对方得到满足，对方自然也愿意满足你的愿望。

低调做人虽然有助于我们形成良好的人际关系，但是仅做到这点还是不够的，我们还需要有一个好心态。好心态不仅决定着我们对周围的人和事物的看法，也时刻决定着我们的心境，决定着一个人的思想和行为。

好心态所具备的强大力量在我们发展人际关系方面也同样适用。许多人际关系不好的人总是抱怨自己遇人不淑，让一些不愉快的经历影响自己的心情，令自己变得心绪不佳、思想混乱、烦躁不安，以至于在人际交往中顾此失彼，得不偿失。其实，仔细想一想，这些问题还是要归结于自己的心态不佳。

好心态还是一种心理自我调节的能力。由于人们每天都在忙于生活，在与各种各样的人和事情打交道，因此不可避免地会产生许多情绪，如兴奋、骄傲、自责、内疚、忧伤、挫败等，这些情绪中有些可以让人感到愉悦，有些则带给人疲惫和负担。人的情绪都具有传染性，而人们会本能地排斥负面情绪，如没有人愿意与整天怨天尤人、愁眉苦脸的人交往，因为谁都不想被负面情绪所影响。这时候我们需要用一种积极的心态去摆脱这些负面情绪，让自己变得乐观、充满阳光，这样不仅自己的日子过得舒畅，也能够更好地融入周围的人群。并且，我们会发现，这种遇到挫折时的自我调节能力会产生一种很强的吸引力，为你带来好的人缘和人际关系。因为，每个人都希望能够保持健康的生活基调。

CHAPTER 02

第二章 人际关系中常见的心理学策略

在一个人所有的人际关系中，大部分都是由陌生人发展而来的，因为我们从一出生就认识和熟悉的人实在不多，但是这种情况在不同的个体身上表现出了差异性。总有一些人似乎天生就具备某种和陌生人打交道的能力，这种能力让他们可以很快地在陌生人群中扩展自己的人脉，形成良好的人际关系。难道这真的是一种特异功能、天赋异禀吗？也许我们可以从心理学的角度找到答案。

第一节　首因效应——第一印象很重要

我们有时会对一些自己并不熟悉的人作出评价，如某人很古板、某人很时尚等。这种评价会伴随我们与对方的交往时间增长，直至某件事情让我们的印象发生改观。并且，现实生活中的大多数人可能还不具备这种好运，那些可以让他人对其印象“改观”的事情也许到他们交往结束时仍未出现。由此可见，我们最初作出的评价是多么重要，它将直接影响我们与他人的交往，哪怕这种评价并不完全准确和客观，但是受到“先入为主”的惯性思维影响，我们仍然会拒绝更正。

是因为我们太固执了吗？或者可以说是因为我们的大脑很固执。科学家研究发现，人类的大脑在受到外界强烈刺激后会产生一种兴奋，这种兴奋会在大脑皮层留下较深的痕迹，令我们日后回顾起这个刺激来相对容易。而这种痕迹就是我们对外界刺激的一种印象，因为留下的痕迹比较深，所以它会在我们的思维中形成一种定式，主导我们日后的思想和行为。将其与我们的生活联系起来，我们就会发现，原来那个突然出现的陌生人就是强烈的刺激，而大脑形成的痕迹就是我们所谓的“第一印象”。

同样，心理学家们也认为，最初接触到的信息所形成的印象对人们以后的行为活动和评价的影响非常大。人与人在第一次交往中给人留下的印象，在对方的头脑中一旦形成，将长期占据主导地位。曾经有研究者做过这样一个试验：在一个关于“记忆”的实验室里，研究人员给参与试验的人呈现了一系列无关联的词，一段时间后让其以任意顺序回忆出来，结果发现，位于开始和末尾部分的词语要比中间部分的词语回忆起来容易得多。于是，心理学家们将这种现象称为首因效应（开始的信息印象深刻）和近因效应（结束的信息印象深刻），首因效应也叫“第一印象”效应。

关于首因效应对于人际关系的影响，西方人显然重视得更早。我们经常会在电视剧或者电影中发现，西方人很重视鸡尾酒会、婚宴等场合的社交礼仪。他们往往会在出发前先吃点东西，保证自己不饥饿，因为这样就可以避免给人留下大吃大喝、举止粗鲁等不良印象，影响自己开拓和发展新的人际关系。在他们看来，如果是单纯地吃饭喝酒，大可以在家中进行，而进入这种社交场合，吃喝只是一种表面形式，真正要进行的其实是交际，借此来扩大自己的人际关系，发展新的人脉资源。

而这点，东方人就显得重视不够。我们可以回忆一下自己参加聚会时的情况：我们是否会选择和熟悉的人坐一桌？是否交谈时会有意识地避开陌生人？是否会习惯性地和熟人在一起扎堆儿？这其实是一种“偷懒”的表现，因为我们在面对熟悉的人时，会因为大家彼此熟悉，而在心理上产生一种懈怠——不必去为留下好印象而耗费心神。但是这样做的弊端也是很明显的：熟悉的人往往对你已经有了比较稳定的看法，你们之间的人际关系已经基本定型。而你们彼此聚拢的同时也会对外界竖起一堵墙，将所有原本可以在这个社交场合结交的关系全部拒之门外。这是不明智的，并且已经丧失了我们参加聚会的部分意义。

是因为我们还没有意识到首因效应会产生的影响吗？其实不然，还可能恰恰相反。我们再来回想一下即将参加面试时的情形：突然接到自己心仪已久的公司的面试电话，心里既兴奋又忐忑。在准备去面试之前，我们会找出最适合这个场合的衣服，化上一个合适的妆容，为了面试时能够对答如流，我们还会尽可能地做场景模拟，等等。这么做的目的只有一个，那就是在面试时给对方留下良好的第一印象。虽然同样是跟陌生人打交道，但是我们内心的想法是不一样的。由此，我们也可以看出，东方人不是不懂得首因效应的重要性，而是更喜欢在具体的对象面前经营第一印象。对于许多人来说，社交场合的陌生人并不是具体的可交往对象，因为不确定，所以为了避免麻烦，便拒绝交往。殊不知，对于每一个人而言，陌生人才是最好的人脉资源，因为只有陌生人之间才有创造第一印象的基础。这一点，对于交往中的双方都很重要。

那么，我们要怎么做才能给对方留下良好的第一印象呢？

首先，我们可以从外表和形象入手。俗话说："人靠衣装，佛靠金装。"在人人都没有太多时间浪费在探究对方的内在品质时，外表是了解一个人的最直接方式。早年的一项研究结果表明，50%以上的第一印象与内在气质无关，而与外表和穿衣打扮的关系更大。没有人可以一眼看透别人的内心，因此我们只能首先从外表看，更何况，一个人的穿衣打扮代表了这个人的品位和风度，甚至外表在某种程度上也受到心态的影响。

林肯作为美国历史上著名的一位总统，他的“相貌决定论”相当出名。林肯在做总统的时候，曾经因为相貌上的偏见而拒绝了一位朋友推荐给他的人才，别人说他“以貌取人”，林肯却不以为然，说：“一个人二十岁以前，他的相貌是由爹妈给的，无法改变。但是一个人只要过了四十岁，他就应该为自己的面孔负责。”林肯认为，每个人都有足够的时间去重塑自己的相貌，不是依靠整容等外在手段，而是通过平时的习惯和锻炼，如神态、心态、穿着打扮等。一个人如果意识不到外形的后天可塑造性，那么也不用责怪别人不满他的相貌了。

其次，除了外表和形象外，我们还要注意自己说话时的声音和神态以及举止。两个人见面后，除了静态地观察对方的外表和神态外，我们不可避免地还要开口说话——你总要向别人介绍自己和提出要求吧。这时，你说话的语调、语气、语速、节奏等都将影响别人对你第一印象的形成。声调过高缺乏涵养，声调过低则不仅容易使对方听不清楚，还会给人留下不自信的印象。语气更是如此，太硬有伤和气，太软缺乏力度；语速过快显得不稳重，语速过慢又有反应迟钝之嫌；节奏过快让听话者感觉疲惫，节奏过慢则不易引起对方的注意。因此，我们一定要把握好自己的声音。

任某是毕业于北京大学的一名高才生，毕业之后又去新加坡读了研究生，后来还在美国取得了 MBA 学位，现任职于一家世界 500 强企业，并且已经做到了公司的中层领导职位。最近任某正在忙于竞争公司洛杉矶地区分公司的主管，按照他的条件，原本可以轻松晋升，但这时他遇到了一个强有力的竞争对手。

任某的竞争对手李某是一名后起之秀，从哈佛商学院毕业后，曾前往英国求学，两年前进入现在的公司，不久后开始步步高升，现在已经是任某的头号竞争对手。两人都为这个主管职位准备得很充分。

终于到了竞聘的这一天。出人意料的是，总公司并没有考核他们的业务能力，而是让他们分别和面试组进行了谈话。最后，李某因外表干净整洁、谈吐举止不俗给总公司的人力资源部高管留下了极好的第一印象，脱颖而出。

这让任某百思不得其解，在多数好友看来，任某不仅工作努力，在公司的资历也比李某要老，除了外形条件不如李某外，似乎找不出其他败下阵来的理由。后来任某还是知道了真相：原来在公司的高管看来，李某外表干练、气场强大、思维清晰、谈吐有力，这使他看起来更符合一个管理者的形象，而任某则更像一个执行者。

不要认为任某很委屈，现实就是这么残酷。你给对方留下的是什么样的印象，对方就会按照他心目中你的样子去定位，然后决定是否信任你和重用你。

此外，不仅是说话时伴随的动作，还有我们与人交往时的行为举止和神态，它们都是我们个人礼仪和素质的一个展示窗口。一个举止粗鲁的人无论长相多么帅气、衣服多么华美，也不可能让人以为是绅士。因此，我们完全有必要锻炼和提高自己的沟通技能，学习和掌握适当的社交礼仪。

总而言之，由于人们心理上的思维定式的存在，第一印象对于人与人之间日后的交往以及人际关系的好坏，发挥着至关重要的作用。因此，我们要特别注意与人交往时的第一印象，尤其是陌生人之间，更需如此。

第二节　相似效应——交往的良好开端

每个人在生活中都可能会遇见让自己“一见如故”的陌生人，不是因为我们的记忆出了问题，而是那个“故人”其实就是我们自己——那些“一见如故”的人就是和我们有着相似之处的人。

我们会发现，在人群中那些和我们有着相似点的人总是更容易引起我们的注意，也更容易吸引我们去靠近，并且一旦真的靠近，也更容易成为朋友。即使由于距离或者其他客观原因无法成为朋友，但在心理上也会觉得比一般人更加亲近。因此，在生活中，有着相似之处的人们的人际关系会更加和谐。

很早以前，心理学家曾经做过一个试验，他们让一些有着部分相似特征的大学生住在一起，让另一部分特征相异的大学生住在一起。一段时间后，心理学家对他们的关系进行了调查。结果发现，那些有着相似特征的大学生之间的关系比较融洽、和谐，他们中的大部分人都彼此成为朋友，能够相互喜欢和欣赏；而那些特征相异的大学生尽管同样也是朝夕相处，但是因为没有共同点，因此很难相互喜欢并建立友谊。心理学家将这种因为具有相似特质而引起的心理上的亲切或者亲近感称为“相似效应”。

同样的情形在生活中也时常发生。中国有个成语叫作“同气相求”，也就是说有着相似特征的人更容易投合，容易互相喜欢。反之，如果没有相似之处，即使一开始关系比较亲密，最后也有可能逐渐疏远。

俞伯牙和钟子期的故事家喻户晓，其实伯牙和子期这段超乎寻常的友情背后有一个支撑点，那就是他们之间的相似之处——对音乐的高超鉴赏力。由此我们也可以得出一个结论：建立在共同点之上的友情或者说人际关系是非常牢固的。因此，我们在处理人际关系时会发现，有着相同的人生观、世界观、价值观、宗教信仰以及对大多数事情看法比较一致的人，彼此之间可以相处得更加轻松，也更加愉悦。这些相似点具体可以表现在态度、信念、兴趣和爱好等方面。

所谓“道不同不相为谋”，两个人如果在上述这些方面表现出很大的不同，那么他们无论如何是走不到一起去的。著名的“割席断交”就是一个典型的例子。

“割席断交”的故事同样发生在我国的古代，故事的主人公是管宁和华歆。据说，这两人年轻时是很好的朋友，经常一起吃饭，一起学习。一次，他们俩一起在地里劳动，管宁看见了一锭金子，他自言自语地说了句：“我当是什么硬东西呢，原来是锭金子。”接着，他就继续劳动。华歆一听说发现了金子，急忙跑过来，激动地拿在手中，脸上浮现出贪婪的表情。管宁看到后责备华歆道：“君子爱财，取之有道。我们可以用自己的劳动去获得钱财，但是不能贪图不义之财。”华歆不太赞同，但是也没好意思反驳。

有一日，管宁和华歆坐在席上读书。突然，外面传来一阵喧闹沸腾之声。他们走到窗前查看，发现是一位达官显贵从这里经过，出行的队伍穿着非常华丽，也很威风。管宁看完后回到席子上，拿起书本准备接着读书，华歆却很想去外面看看排场，凑一凑热闹。于是，书也不读了，他穿上鞋子就跑出去了。管宁看着抬脚离开的华歆，心里很失望。等到华歆回来后，管宁拿出刀子，把他们一起坐的席子给割开了，并且告诉华歆："我们两个人的志向和情趣太不一致了，以后我们也不用坐一条席子了，你和我再也不是朋友了。"

或许大家会觉得管宁有些不近情理，但是现实生活就是这样。两个人如果没有相似的志向和兴趣，在一起必然会产生很多分歧，这样继续相处下去也未必会愉快。更现实的是，很多时候，我们甚至连向别人证明相似之处的机会都没有，就会被别人视为异类，排除在外。比如，在一个都穿西服、打领带的公司里，你一身休闲服出现在面试现场，这时根本不用别人给你出题目，单是这种外表上的"与众不同"，就足以使面试官认为你不适合成为他们之中的一员；再如，你的客户约你在高尔夫球馆中洽谈合作意向，这时如果你的穿着还是像平时商务会谈那么正式的话，极有可能会给对方留下一种刻板的、不够随和的印象。这些并不是出于什么特殊的原因，只是出自人们内心的一种原始本能。

那么，为什么相似效应可以对人们之间的关系产生影响呢？根据心理学的研究成果，我们大致可以得出以下几点结论：

首先，出于安全感的需要。我们知道，人人都需要安全感，无论是生理的还是心理的。而人们在和与自己有相似之处的人交往时，由于相似特征的存在，就使得人们发生分歧的可能性减少，自己的观点也更容易获得对方的支持。这样一方面增加了自己内心的安全感；另一方面认同感也有助于安全感的提升。并且，人们出于自身安全的考虑，在大多数时候都希望自己的态度能和多数人保持一致，而类似或者相符的情况本身对这种心理需求就具有增强的作用。

其次，相似的人容易形成一个群体，群体对外界的反应能力一般都优于个体。同时人们也希望能够通过增强对外界的反应能力来保证反应的有效性，以使个体更好地融入和适应社会。

最后，人在和自己有相似性的团体中进行活动时，阻力会相对较小，活动也更容易进行。比如当一个人突然出现了一种紧急情况，需要向路人求助，这时如果你选择向一个和自己情况迥异的人求助，多数情况下是得不到回应的，但若求助于与自己有相同之处的人时，你会发现得到帮助的概率会提高很多。这一点已经被研究者们通过试验证实，并且研究数据也表明：在同等的熟悉程度中，人们更倾向于接受那些与自己相似的人，并与之合作。

在了解了相似效应的表现以及产生作用的原因后，一个更加重要的问题摆在我们面前：我们怎么去寻找相似性？换言之，我们该如何去发掘彼此之间的相似性呢？

众所周知，社会是由不同的人群构成的，人群的年龄、地位、性格、性别、职业、受教育程度、种族、地域、利益等都有可能不同，因此不同群体之间的语言和行为规范也会产生差异。这是不同人群之间进行交流的一种障碍，但同时也是一种契机，是我们快速接近对方的契机。就像在一群陌生人的聚会中，经常会出现“校友”“同乡”等快速分类的词组，这些词组不仅让相应人群迅速归类，同时也让这群人中的个人之间心理距离迅速拉近。至少，当你在了解对方是“同乡”或者“校友”后，你们可以因为共同的生活环境或者学习环境增进对彼此的了解，而且还会衍生出许多与此相关的话题。这就是我们所谓的契机。

除此之外，我们还可以通过观察和交谈来了解对方的喜好，进而找到“共鸣”，沿着“相似点”将关系拉近。我们初次见到一个人的时候，观察是一种很好的方法。观察并不局限于两个人面对面的时候，它可以发生在许多场合。如在对方和别人谈话时，对方从远走近时，又或者在借助其他渠道获得的信息中进行分析。交谈也是一种了解他人的直接途径，在交谈中我们可以通过试探、提问等方式来获取对方的信息，加深彼此的了解。在掌握足够的信息后，双方有无相似之处，我们也就了然于心了。这个时候还怕找不到共鸣吗？即便我们遇到最坏的情况——没有任何相似之处，但是我们又需要这个人际关系时，我们也可以通过“模仿”这种最简单的“示好”方式来创造出“相似点”。

和人交往，找出和对方的相似之处，给彼此一个“爱”对方的理由，这就是一段良好人际关系的开端。

第三节　互补效应——互补和相似一样产生吸引力

在现实生活中人们经常会发现，不仅特征相似会产生吸引力，有些差异较大的人之间也会产生吸引力。最明显的例子如异性相吸，还有男女婚恋中经常找的借口：“你和我太像了，所以我们还是做朋友吧。”——言外之意就是有些情况下我们更倾向于找个能和自己互补的人。

出现上述现象的原因不是因为互补性比相似性产生的吸引力更强，而是无论相似还是互补都是人们心理上的一种需要。两个人是因为相似走在一起还是因为互补相互吸引，取决于人们内心的需要，并且它们有可能同时存在。这与我们上节中谈到的“相似效应”似乎有些矛盾，其实不然。只要在生活中多加留意，我们就会发现，因为互补产生吸引的人群一般还是具有一定的相似性的，如在价值观和处世态度方面等，而互补的方面则比较具体，如性格是外向还是内向，学历高或者低，人品好或者不好等。

一般说来，能够产生互补性都有一个前提，那就是交往可以让双方的需要得到满足，不会产生排斥。如果不能满足这个条件，那么一些差异很大的特性就只能产生排斥。如高雅和庸俗、庄重和轻浮、真诚和虚伪等，这些截然相反的特质是不可能产生互补性的。在这一点上，没有什么比相似性更合适了。

为什么互补性可以产生吸引力呢？据心理学家荣格讲，这是出于人们对“完整之我”的追寻。荣格认为，每个人都具有“显性”和“隐性”两种人格——就像我们所熟悉的显性基因和隐性基因一样。我们的外在表现就是“显性人格”，而潜藏在内心深处的就是“隐性人格”，也叫作“影子人格”。例如，有些人表面上看起来很“理性”，内心深处却很“感性”，这是因为受到许多外界压力和客观因素的影响，他只能将自己“理性”的“显性人格”表现出来，在他的大脑强调并表现这种“理性”时，“感性”部分的人格就会受到压抑，慢慢变成一种潜意识，成为隐性的“影子人格”。

“显性人格”有时是先天的，有时是受到后天的影响，如在婴幼儿时期，无论是男孩还是女孩都是非常天真可爱的，他们可以无所顾忌地表达自己内心的情绪，但是随着年龄的增长，男孩在成长的过程中多被教育要坚强、要隐忍、要“喜怒不形于色”等，这就使男孩性格中原本多情易感的成分被压抑下去，无法公之于众。由于女孩的成长过程与男孩刚好相反，因此多数女性在成年后仍然比较感性，多愁善感，表现出了男性的“影子人格”。这时，一种较为常见的现象就出现了：当一个人在人群中遇到另外一个“我”——潜藏在内心深处的我时，心中的“我”终于找到了同类，对方彰显出自己无法表现出来的特质，这时内心往往会雀跃不已，产生一种强大的吸引力。这种吸引力是由“影子人格”强烈的释放愿望所决定的，因此被称为“完整之我”的追寻。这个过程表现在不同的个体身上，就是由于“互补性”产生的吸引力。

这种互补效应表现最为明显的是在婚恋领域。许多未婚的男女在被问及想找一个什么样的对象时，一定会或多或少地说出一些特征，而这些特征通常是他们本身不具备的。比如，内向的想找一个外向的，懒惰的想找个勤快的等，他们理想中的对方其实是另一个“潜在的自己”，这种互补不仅会增强彼此之间的吸引力，同时也会让婚姻变得更加完美、和谐。

除了婚恋方面，在事业上，人们也更倾向于寻找能和自己形成互补的人成为合作伙伴，如比尔·盖茨。比尔·盖茨的兴趣和特长并不在经营方面，而是在软件开发方面。在他为自己的微软帝国物色合适的管理人才时，他想到了自己的大学同学鲍尔默。鲍尔默是一个和比尔·盖茨在许多方面都存在差异的人，如他做事时的热情饱满、对他人有深刻影响力、善于鼓动员工的积极性等，这些能力都是比尔·盖茨不太具备的，但恰恰是一个管理者最不可缺少的品质。因此，比尔·盖茨将鲍尔默请到了他的公司，从事他认为是烦琐乏味的管理工作。成为微软CEO的鲍尔默做得很出色，他和比尔·盖茨的强强联合，将微软推向了另一个辉煌的高峰。

影响到人际关系的互补性不仅有个性、才能上的互补，还有技术与知识上的互补、各类资源上的互补，等等。一个人、一个群体、一个组织要想取得成功，或者说要存在于社会之中，就必须与其他个体、群体、组织进行交往，以获得自己所没有或者不足的东西。这也是互补效应发生作用的一个内在动力。这种互补性在生活中产生吸引力一般分为两种情况：一种是他人的某个特点满足了另一个人的理想，从而增加了其对这个人的喜欢程度。比如，一个渴望知识但是又没有时间获取知识的人遇到一个知识渊博的人，就很容易对其产生好感。另一种是在交往中一方能满足另一方的某种需要，或者是弥补其短处，这时前者就会对后者产生吸引力，如上文中鲍尔默的管理才能可以弥补比尔·盖茨在这方面的不足，因此鲍尔默对比尔·盖茨就会有吸引力，反之，比尔·盖茨能够为鲍尔默提供一个施展才能的平台，因此二人才能互相吸引。

值得我们注意的是，互补效应并不只是简单地起到弥补或者满足的作用，在很多时候它还会发挥出一种“1+1>2”的效果，使互补对人际关系的影响更大。

李某在27岁时经人介绍认识了现在的老公刘某。最初，李某觉得刘某为人稳重大方，做事也很有条理，事业发展得还不错；刘某也觉得李某知书达理、气质高雅，很是满意。于是，半年后两人步入了婚姻的殿堂。婚后，经过最初的相互吸引到彼此熟悉，当初的激情慢慢被磨灭，一些以前看似很小的分歧逐渐开始扩大：如李某觉得老公不够浪漫，除了每天看球、炒股之外，就是和朋友出去交际，从来不陪自己去听音乐会；自己喜欢看书，每次和老公聊文学艺术时，老公不是没兴趣，就是打断她。这让李某觉得十分不满。刘某也察觉出了妻子的不满，但是他的心中也有委屈：如妻子总是不愿意让自己看球，自己就那一点爱好还被她干涉。时间一久，他们都觉得彼此间缺乏共同的兴趣爱好，似乎印证了人们离婚时常说的那句“性格不合”。

他们真的要走到这个地步吗？毕竟，两人还是有感情基础的，他们决定坐下来谈一谈。夫妻二人各自说出了自己的不满，也回忆了当初的甜蜜，最后达成一致：尊重彼此的兴趣爱好，不再将自己的要求“强加于人”。他们还做出了一个计划，并且保证要坚持执行。

这个计划很简单，就是每天晚饭后坚持散步。当然，散步并不是走走就好，两个人在散步的过程中有许多时间可以聊天，他们可以聊聊各自感兴趣的东西，而对方必须耐心地倾听。一段时间过后，他们发现彼此似乎又回到了刚结婚的时候，即使在屋子里各忙各的，也不忘在空闲时给对方一个温暖的眼神、一句贴心的问候。慢慢地，默契似乎又回到了夫妻之间。

并且，他们还发现了另一个变化：他们彼此的世界似乎变得更加丰富了。刘某再也不是那个只会看球、炒股、和朋友喝酒的粗线条男人，他也开始在闲暇时听听音乐，心情高兴时唱上一首流行歌曲；而李某也慢慢变得“接地气”，在和朋友们聊天时能如数家珍地说出几个球星的名字，对投资股票等也开始发表自己的见解。他们不仅没有破坏各自的“独立”，反而更加“丰富”了自己，婚姻生活也变得更理想了。

这就是我们所说的“1+1>2”。无论是夫妻关系还是朋友关系，又或者是合作伙伴，几乎在所有的人际关系中我们都可以发现，当我们了解了对方的长处和短处，并和自己的长处、短处结合起来时，我们不仅满足了彼此的需求，让合作变得更加简单，而且还可以取长补短，让我们的生活变得更加美好，事业更加顺利。这才是互补效应发挥作用的真谛。

第四节　互惠效应——人情也讲究“收支平衡”

俗话说：“欠什么都别欠人情。”表明人情在每个人的心里都有一定的分量。我们会因为欠了别人的情而想着回报对方，也会因为一些无法回报的人情而内心不安。心理学上将这种因为受了别人的恩惠而产生的回报心理称为互惠原理，而建立在互惠原理上的人际关系就是一种互惠效应。

郑板桥是清代著名的书画家，名列“扬州八怪”之首。他不但擅长画兰竹，字写得也非常好。在扬州时，郑板桥经常靠卖书画来维持一家的生计。但是他的书画并不是任何人都卖。郑板桥为人比较正直，不拘小节，也很鄙视权贵，一些达官显贵想要求一幅郑板桥的字画，即使出再多的钱，郑板桥也不卖。盐商王德仁就是如此，他几次表现出想和郑板桥结交的意愿，甚至以润笔费为由请郑板桥赐字，都被拒绝。后来，王德仁终于想出了一个办法。

郑板桥平时除了作画，还喜欢寄情山水，出门游玩。一次，他外出游玩到一个风景非常不错的地方时，突然听到一阵悠扬的琴声从远处飘来，郑板桥循声而去，发现在一片竹林之中掩映着两三间茅屋。待郑板桥走近茅屋，一阵肉香扑鼻而来。原来，茅屋里住着一位老者和一个小童。老者须眉皆白，气度不凡，此时正在弹琴，而他旁边的小童则正在用一个红泥火炉炖着狗肉。此情此景，突然让郑板桥觉察到自己已然饥肠辘辘。他忍不住向老者问道：“老先生喜欢吃狗肉？”老者说：“世间百味唯狗肉最佳，看来你也是个知味者。”郑板桥深深一揖，回答道：“不敢，不敢，口之于味，有同嗜焉。”老人喜道：“看来先生真是同道中人，我正愁一人辜负时光，不如一起吧。”说罢吩咐小童盛肉斟酒，邀请郑板桥一起用餐。

酒足饭饱之后，郑板桥突然意识到，自己连对方姓甚名谁都不知道，此举未免唐突。想着用银子答谢对方吧，觉得银子太俗，更何况自己出门时身上只有一些碎银子。再看老者家中四壁空空，无所装饰，就想到了以书画相赠。郑板桥向老者问道："老先生实则雅士，然为何四壁空空也？"老者说道："书画乃雅事，如果求不到真正高雅之人的作品，还不如不挂。我幽居在这山林之中，听说城里有位叫作郑板桥的，不知是否是真雅士？"郑板桥忙回道："我便是郑板桥，不如就在此作画一幅，赠予先生吧。"老者大喜，忙令童子拿出预备好的纸笔。郑板桥不消多时，便已画就。老者又说道："贱字'昌义'，能否请郑先生落上一款，以纪念你我今日之缘呢？"

听到此话，郑板桥突然想起之前向自己求画的盐商也是字"昌义"，不由一怔，问道："老先生怎么与城中的盐商王德仁同字？"老者回答道："是吗？我竟不知道，更何况我取名字的时候应该还没有他，不是我与他同字，是他与我同字。且天下同名同姓者太多了，清是清，浊是浊，又有什么关系呢？"

郑板桥一想，确实如此，于是毫不犹豫地为老者题了字，落了款。

几日后，从盐商王家传来消息，为庆祝郑板桥先生赠画，王家不仅将字画悬挂在高堂上，还要举办盛大的宴会庆祝。原来郑板桥在山中遇到的那位老者竟是王德仁花重金聘请的老秀才，而那位老秀才和小童为了等待郑板桥，已经在山中寄居数月，直到前几日才遇到机会。郑板桥这才明白是自己上了当。

然而，郑板桥即使最终明白自己上当受骗，却也无可奈何。一旦接受了人家的好处，再拒绝别人的请求就不好意思了。"人情大于山"是互惠效应在日常生活中的普遍表现。

互惠效应是一种普遍的心理。国外某知名大学的一位心理学教授为了验证互惠效应在当代社会中的有效性，选择在圣诞前夕给一群素不相识的人寄去圣诞卡片，出人意料的是，在接下来的一周里，那些素未谋面的人也纷纷给他回寄了圣诞贺卡，而那些人根本没有打听那个给他们寄贺卡的人是谁，就在收到后自动回寄了一张。这个试验虽然普通，却巧妙地证明了互惠效应仍然是人与人之间发展良性人际关系的有效工具。

互惠效应在生活中的表现十分广泛，如一位新入职不久的员工在生日时收到了同事们赠送的生日礼物，那么他一定会留意送他生日礼物的人，并且在平时的工作和生活中寻找回报的机会；一位女士在接受了一位男士的帮助后，一定会通过其他方式去回报这份“人情”；就连接受问卷调查都是如此，如果一个人收到一份咨询公司寄来的调查问卷，连带作为答谢的礼物，在没有困难的情况下，90% 以上的人都会倾向于配合，除非那份礼物不存在，等等。事实上，这种“回报”的意识来源于人们内心的感恩图报心理。它不但能够促进社会进步，同时还可以调节人们之间的关系。

换个角度讲，知恩图报也是一种价值取向，是一种人们在面对食物、能源、关怀等物质的或者精神的资源时的态度。愿意分享，我们就会将之向对方开放，会在别人需要的时候“支出”自己的“人情”，也会在收到别人的“人情”时想着去回报；不愿意分享我们就将之据为己有，不付出，或者收获后也不去回报。后者从表面上看是“不吃亏，只占便宜”，但是这样做的长期后果是很严重的，轻则人情“收支不平衡”，导致自己人际关系恶化，重则打破社会原有的平衡，被人嘲弄和唾弃，被戴上“忘恩负义”之类的大帽子。

由于社会上的大多数人笃信并且服从互惠效应，作为一种社交产物的人际关系也必然会演变成一种社会性的“予”与“取”之间的关系，并且逐渐发展成为一种交往规则。在这种规则的约束下，如果双方的付出和回报能够保持一种动态的平衡，则有益于人际关系的保持和发展；反之，则会阻碍人际关系的发展。受到“来而不往非礼也”传统观念的影响，人们对那些只知索取、不知偿还的人会从心底产生一种厌恶感，排斥与其交往。就像是两人玩跷跷板一样，如果不能保持一头高一头低、相互交替的话，游戏是无法进行下去的。人际关系也是一样。

当然，我们也要懂得互惠效应只是一种基本的心理法则，我们要报恩也不用急在一时，如今天收到了别人的礼物，明天就回别人一件礼物，这样非但不能增进彼此之间的感情，反而有“见外”的嫌疑。人情的“收支平衡”是在一个动态的过程中实现的，这个动态的过程就是彼此之间的交往。在互惠效应的应用中，有两个问题需要引起我们的重视：

第一，由谁先迈出第一步。我们之中的大多数人都习惯在接受了别人的好处之后去回报他人，这样虽然也构成交往，但是会比较被动，这种被动也会表现在彼此的关系之中。中国有句古话说得很好，叫作“有失必有得”，失在前，得在后；还有一句“欲取先予”，想要取得必先给予。用在我们的人际关系中就是先去付出，再求回报。因为如果人人都在等待别人先付出，那么交往则永远无法开始。再者，如果在接受了别人的付出后，因为某些原因无法回报，自己在心理上就会一直存在一种负债感，还有被别人视为“忘恩负义”的风险。与其如此，不如每个人都主动去做那个首先付出的人，人情“储蓄”到一定的程度，还怕没有“收益”吗？

第二，获取和给予的质量是否必须完全对等。在实际生活中，我们支出的人情一定需要对方质量完全对等的回报吗？我们又如何去衡量这种对等呢？一般来说，社会支持“付出和回报”成正比，也就是付出越多，回报越多，否则容易让一方的心理产生不平衡，导致不良情绪的产生。比如一对好朋友，其中一人经常送另一个人礼物，而另一个人只是在口头上说谢谢，并无回报。长此以往，付出的一方会感觉自己是“剃头挑子一头热”，觉得对方不重视自己。如此一来，想要维持正常交往都很难，更别说是发展密切的友好关系了。但是，我们还有句老话是这么说的：“有钱出钱，有力出力。”在人际关系中也是这样的，我们付出的人情有些是物质方面的，有些是精神方面的，而得到的回报不一定和付出的同质，如一个人因为感激另一个人在工作和生活中对自己的帮助，因此在节日的时候送给对方一个礼物。这时，我们是不能简单地把“帮助”和“礼物”进行质量兑换和比较的。因此，获取和给予有时并不一定必须质量完全对等，关键在于交往双方的内心是否感觉满足，认可这种交换。

就像我们时常强调的权利和义务的对等一样，人际关系也是一种双边关系，没有谁有义务对别人好，也没有谁有权利对别人不好。只要我们理清了自己人情的收支账本，人际关系中的“权利”和“义务”自然就能够实现对等。

第五节　两情相悦效应——你喜欢他，他就容易喜欢你

卡耐基在他的《交际成功的奥秘》一书中写道：“不管是屠夫，或是面包师乃至宝座上的皇帝，统统都喜欢别人对我们表示好意。”事实的确如此，有时候我们喜欢一个人并不是因为他漂亮、聪明、地位高等一些外在的原因，而仅仅是因为他喜欢我们。心理学上将这种现象称为“两情相悦”效应。

不要以为喜欢与否只是一种个人的内心情绪，正如我们可以明显地感知来自他人的喜欢一样，我们对一个人的不喜欢情感也会被他人感知。没有人会喜欢一个讨厌自己的人。

在一个班级中，有些同学总是形单影只，老师为了调查原因，上课时给班上的每一个人都发了一张纸条，要求大家以最快的速度写出他们不喜欢的人的姓名。在同样的时间里，有些同学一个也想不出来，有的仅能想出一个，有的却能一口气列出好几个。老师将纸条收上来后，发现那些写出名字最多的学生正好是班里人际关系最差的学生——他的名字也会以高频率出现在别人的纸条上，而那些没有不喜欢的人的学生，则很少有同学讨厌他。

出现这种结果的原因同样是因为“两情相悦”效应。无论一个人多么会掩饰自己内心的情感，当他不喜欢一个人的时候，总是会从一些细节处传递出自己不喜欢对方的信息，这种信息别人是很容易感受

到的。因此，当你不喜欢别人时，别人也不会喜欢你；只有你喜欢别人，别人才可能喜欢你。

对于这个道理的认同和应用，莫过于从事销售工作的人。销售工作要和不同的人打交道，人缘就是业绩，因此做销售的人非常重视人际关系。但是，与他们打交道的又都是陌生人，如何与陌生人建立良好的人际关系呢？他们的绝招就是表现出对对方的喜欢。当然，目的是让对方喜欢自己，因为只有如此，别人才容易接受他，进而接受他的产品。

美国有一个小伙子年纪轻轻就成为世界汽车销售冠军，每当别人问起他成功的秘诀时，他总会说秘诀就是让对方喜欢你。为了赢得顾客的喜欢，这位小伙子每次在节日来临之前都会给他的顾客寄上一张贺卡，贺卡的内容会随着节日的不同而改变，如新年快乐、圣诞节快乐等，但是封面无一例外都是同一句话：我喜欢你。要知道，这个小伙子的客户多达 1.3 万，而每年的节日也有大小十几个，但是他依然坚持将这件事情做下去。用他的话说，他这样做的目的只有一个，那就是让对方知道“我喜欢你”。就是这样一种在别人看来有些傻的方式，让他连续 12 年赢得“销售第一”的头衔，最终以每天平均销售 5 辆车的成绩进入吉尼斯世界纪录，成为“最了不起的卖车人”。

由此我们可以看到，“喜欢”在我们的人际关系中发挥着非常重要的作用。那么一方的“喜欢”为什么能够引起对方的共鸣，产生如此大的心理影响呢？我们可以从人类的心灵深处来寻找答案。

如果有人问你，这个世界上你最爱谁？答案可能会有许多，但是一个人如果足够诚实，足够忠于自己的内心，他将会回答“是自己”。心理学家多年的研究告诉我们，人类多数都有自恋心理，也就是说人们大多最喜欢自己。因此，我们常常把自己当成世界的中心，把自己作为唯一衡量事物的标准。对自己好的就是好人，有利于自己的就是好的，自己喜欢的就是正确的，等等。人类的这种本性决定了当他发现别人喜欢自己时，不管对方出于什么样的目的，客观情况又是如何，都会产生一种本能的好感。我们喜欢那些喜欢我们的人，首先因为喜欢我们的人可以让我们感觉更愉快。喜欢意味着认同，认同意味着没有冲突，这样的情况使彼此之间的交往只有快乐，因此我们理所当然地会倾向于他们；其次人人都希望自己受到尊重，而那些喜欢我们的人会极大地满足我们这种受尊重的需求。从另一方面讲，喜欢本身就是一种肯定，意味着对对方存在价值的肯定。

但是，“两情相悦”效应并非对人人都适合。一个人如果自尊程度较强，为人比较自信，那么他人对他的看法或者态度则很少能够影响他自身的想法，这种看法或者态度中就包括喜欢这种情感；而那些自尊程度较低，容易受他人影响的人则不然，他们重视别人给予自己的评价，通过他人对自己的态度来提升自己的自信，因此他们更喜欢那些喜欢自己、给自己肯定评价的人，而排斥那些给他们否定评价、不喜欢他们的人。在现实生活中，大多数人属于后者，因为很少有人可以真的自信到“走自己的路，让别人去说吧”。正因如此，大多数人都会倾向于喜欢那些喜欢自己的人。这也是“两情相悦”效应能够发生作用的原因。

“两情相悦”效应还为人际交往提供了契机，更有利于人际关系的发展。我们以生活中常见的恋爱关系为例：我们经常看到许多最终走在一起的情侣都是从一个人对另一个人的单方面喜欢开始的。比如，男孩和女孩见了一面，女孩刚开始对男孩没有多少好感，但是这个男孩非常喜欢这个女孩，不仅在第一次见面时表现出了自己的喜欢，后来还一直持之以恒地喜欢这个女孩，终于女孩被感动了，两个人开始相互喜欢。这是个皆大欢喜的结局，但是我们可以看到，在这段恋爱关系中男孩对女孩的喜欢起到了很大的作用，因为如果没有男孩的喜欢，两个人根本就不可能产生恋爱关系，正是因为男孩的喜欢，才使女孩慢慢地对其产生好感，从而为二人之间的关系发展提供了可能。因此，我们发现，“两情相悦”效应不仅能够增进彼此之间的人际关系，更重要的是还为人际关系的建立提供了机会。

古人云：“爱人者，人恒爱之。敬人者，人恒敬之。”人际关系就像是一面镜子，如果你想得到一个微笑，你就要先给别人一个微笑；不要总是期望别人为你做些什么，而是自己先去接纳、肯定、支持周围的人。总而言之，不要试图让别人无条件地喜欢你，因为没有人有这个义务，即便是我们最亲的人。记住，喜欢别人，别人才有可能喜欢你。

第六节　自我暴露效应——人之相交，贵在交心

人之相识，贵在相知；人之相知，贵在知心。心理学家告诉我们：

要想与别人成为知心朋友，就必须表露自己的真实感情和想法，向别人讲心里话，坦率地表达自己，陈述自己，推销自己。这就是“自我暴露”。心理学家还认为，一个人如果想要和别人建立比较密切的关系，一定程度的自我暴露是不可缺少的，这就是“自我暴露效应”。

生活中我们只要仔细观察就会发现，有些人虽然话不多，看起来不善交际，知心朋友却很多，人际关系也很好；有些人虽然很擅长社交，在交际场所如鱼得水，却很少有知心朋友，以至于每当夜深人静之时都深感孤单与寂寞。这种看似矛盾的状态并不都是由于人们的“表里不一”，很多时候与是否“自我暴露”有关。朋友多的人通常都有一个特点，那就是为人真诚，喜欢进行情感沟通。也就是我们说的“性情中人”，他们说话也许不多，但是都很真诚，有困难的时候，也总是有人来帮助他，而且这种帮助非常慷慨；长于社交的人，因为习惯了说场面话，做表面功夫，因此虽然从短期看，交朋友又快又多，但感情都不是很深。即使对方向他们说出心事，他们也会对自己的事情闭口不谈，从不触及自己的私生活，不谈自己内心的感受。他们虽然说很多话，却很少暴露自己的感情。这种人让人感到是出于某种需要，而不是在用情感进行交往。

人际关系中，人与人之间因为某些原因而相互靠近，但能否真正靠近彼此，则取决于其中一方是否对另一方开放内心，也就是允许对方靠近自己的精神世界。一个人对他人的开放性分为两个层次，第一个是社交层次的，多表现在初次见面时的待人接物方面，这与个人的性格和习惯相关。因此，有时我们会遇到一些很健谈的、社交能力强的人，但是这种言谈一般不会涉及态度、情感、隐私等根本问题。第二个是内心层次的，也称为自我展示性，也就是一个人是否愿意将自己的本意、内心展现给他人。这个层次也是决定交往能否深入的关键所在。

这两个层次虽然深浅不一，发生在人际交往中的阶段也有所不同，但是在实际发生过程中是完全独立的。有些人社交能力很强，可以在初次见面时饶有兴趣地与你谈论国际时事、体育新闻、家长里短，可是从来不会表明自己的态度，即使两个人接触了一段时间后，当你尝试着将话题引入略带私密性的问题时，他也会一语带过。这种情况一方面表明一个健谈的人，也可能对自身的敏感问题有相当强的防御心理；另一方面则说明两人的交往还处于泛泛之交的社交阶段，当然也有可能永远停留在这个阶段。有些人则恰恰相反，虽不善言辞，但在经过最初的寒暄之后，很快就会向对方袒露心声，社交能力在这样的人身上表现得不明显，但他们总是能很快和别人拉近距离。

以上我们所说的“袒露心声”，其实就是心理学家们所讲的“自我暴露”。一般来说，人际交往中的自我暴露程度取决于两人之间的交往程度以及喜好程度，它与自我暴露的方式或者形式其实并没有太大的关系，而是一件很自然的事情，比如有些人在见了一两面后，发现对方不是自己适合交往的人，因此两人之间的交流就会永远停留在表面层次；而另一些人在交往的过程中，甚至是第一眼就会相互喜欢，相互喜欢的人会很自然地去交流他们的情感、内心的想法，分享彼此的秘密。自我暴露就是在这样一种自然的状态下发生的。

自我暴露随着交往的深入按照由浅入深的层次，可以分为四个阶段：第一是共同兴趣的暴露，如爱好、关注点等，这些一般在交往的最初阶段就可以发现；第二是对他人的评价，如张三好、李四不好等，这些问题由于暴露了自己内心的态度，对自己的人际关系存在一定的风险性，因此只能发生在比较亲密的人或者比较熟悉的人之间；第三是对自我的评价，如我是一个什么样的人，我的脾气很急躁之类的，这是一种更为实质的自我暴露，虽然有时候说出来的不一定是真实情况，但是至少说明这个人愿意将自己对他人开放；第四是隐私的暴露，如夫妻关系等。暴露的内容越隐秘，说明两个人之间的关系越亲近。

因此，在实际的生活中，我们也可以通过了解别人在什么层次上对我们暴露自己，来判断对方对我们的信任和接纳程度，确定我们同别人的关系状况。当然，我们同样可以通过自己能否毫无顾虑地对别人暴露自己哪一层次的信息，来了解自己对别人的信任和接纳程度。自我暴露的层次越深，说明我们在彼此的关系中卷入越深，与对方的关系就越好。并且，心理学家还发现，良好的人际关系就是在人们的自我暴露逐渐加深的过程中发展起来的。

“自我暴露”虽然是增进人际关系的一种方式，但也不意味着我们对任何人都必须“自我暴露”。在生活中，我们会很明显地发现，自己对陌生人、熟人和亲密的朋友，在自我暴露的广度和深度上都是不同的。对于一些陌生人，尽管有时候我们觉得对方不错，但是在没有熟悉之前，我们的交流也仅限于一些非私密的话题，如“今天吃什么了”“昨天天好热”之类的不涉及个人态度、评价等隐私的内容；对于熟悉的人，我们会谈论一些比较亲密的话题，但这也只是在一定范围内，如“上周末我们去了某地方吃饭，感觉还不错”等；对于亲密的朋友而言，两个人之间交流的话题就多了，无论是亲密的话题还是非亲密的话题都会很多。这时，人的自我暴露深度和广度也发生了很大变化。

当然，还有一种情况是我们不能否认的，那就是不管对于任何人，哪怕是自己最亲密的人，我们也有不愿意暴露的秘密。这是人类的一个共性。因此，我们没有理由因为和对方的关系亲密，就肆意探听别人的隐私；也没有理由因为和对方关系亲密，就要求对方完完全全袒露心扉。每个人都有自己想要保护的东西，无论是有形的还是无形的。如果我们不明白这一点，那么不仅不能增进彼此之间的人际关系，还会令对方因为不安全感而对你产生排斥，令你的初衷适得其反。

第七节　角色效应——扮演好自己的角色很重要

“角色”一词最早产生于戏剧之中，是指演员在剧中所扮演的一种人物类型。如果我们把人生当作一场戏，那么每个人在这场戏中都将扮演属于自己的角色，并且由于阶段和所处场景的不同，我们的角色还会不断发生变化。

心理学界有一种“角色理论”，会让我们更好地理解自己的“角色”。“角色理论”诞生于二十世纪二十年代至六十年代，是一种试图从人的社会角色属性解释人的社会心理与行为产生、变化的社会心理学理论取向，被称为社会心理学从个人水平的分析过渡到群体和更高水平的宏观分析的一个桥梁，该理论有社会角色和角色扮演两个主要概念。社会角色，是指处于一定社会地位的个体，依据社会客观期望，依靠自己的主观能力适应社会环境所表现出的行为模式，包含社会客观期望和个体的主观表演。个人所扮演的社会角色以及角色意识会对个人的心理和行为产生很大影响。这种影响就是“角色效应”。

有位心理学家通过观察发现：两个同卵双生的女孩，她们的外貌非常相似，成长在同一个家庭中，从小学到中学，直到大学都是在同一所学校、同一个班内读书，但是她俩在性格上大不一样。姐姐性格开朗、好交际，待人主动热情，处理问题果断，较早地具备了独立工作的能力。而妹妹遇事缺乏主见，在谈话和回答问题时常常依赖别人，性格内向，不善交际。

随后，心理学家对两姐妹的成长过程进行了逆向调查，发现造成姐妹俩性格差异的一个最重要的原因就是她们扮演的“角色”不同。姐姐必须照顾妹妹，要对妹妹的行为负责，同时也要求妹妹听姐姐的话，遇事必须同姐姐商量。这样，姐姐不但要培养自己独立处理问题的能力，而且还扮演了妹妹的“保护人”的角色；妹妹则理所当然成了被保护的角色。这就造成了上述心理学家观察到的现象。可见，扮演何种角色对孪生姐妹的性格形成是关键的因素。

其实，并非只是孪生子才有“角色效应”，正常人都会受到角色效应的影响。扮演“知识分子”这个角色，就会受到“文质彬彬”等一些角色要求的影响；扮演“教师”这个角色，就会有“为人师表”等角色要求；扮演“领导”这个角色，就会有“威信”“影响力”等一些角色要求。它们就像“魔绳”一样，把你紧紧地捆束在这个角色之中。

那么，为什么人一定要扮演某种“角色”呢？难道“我就是我”不好吗？“角色”不是我们的主观愿望所能决定的，而是客观要求和主观愿望相结合的一种产物。处于这个社会之中的每一个人都会有自己的位置，社会会对处在某个位置上的人提出一定的要求，即社会期望。比如，作为一名教师，社会对其的要求就是“为人师表”。个体在接受这种期望后，依照社会对其提出的要求去履行义务，完成该角色所承担的社会责任并行使相应的权利，这就是社会行为——社会行为是个体行为社会化的一种表现方式。当个体被赋予一个“角色”时，改变的不仅是个人的行为方式，个人的态度和价值观结构也会发生变化。人们正是通过理解社会对角色的期望，按照社会对该角色的要求去行动，成为履行一定义务的“角色”。

人的一生就是一个通过不断扮演各种社会角色实现人的社会化的过程。角色扮演使一个人能够亲身实践他人角色，体验他人在各种情况下的内心情感，获得与他人相同或者类似的情感体验。只有如此，当我们与他人发生联系时，才知道自己该有怎样的态度和行动。因此，扮演好人生大戏中的每一个角色将有助于发展我们对他人和社会的理解力，更好地改善我们的人际关系。

由于每个人都有属于自己的社会角色，因此我们在社会生活中，也应该尽量扮演好属于自己的角色。扮演好属于自己的角色有两层含义：一是我们要扮演好自己的角色，当一个人是“父亲”时，就应该扮演好自己“父亲”的角色，如努力工作，抚养和教育孩子，为家庭生活做计划等。如果一个“父亲”不做“父亲”该做的事情，也就是不履行社会给予他的角色期望，整天沉迷于游戏、玩乐等，那么他将不是一个合格的父亲，并且会造成家庭矛盾频出。推而广之，如果人人都不扮演好自己的角色，那么人与人之间将无法交流，社会也将无法正常运转。二是我们要定位和区分属于自己的角色。做好角色定位，我们才不至于在角色扮演的过程中迷失自己。做好角色区分，则要求我们安于本分，不要越位，不要和他人的角色发生冲突。否则的话，就是“角色失调”，将对我们的人际关系产生非常不利的影响。

阿健是一家外贸公司的销售人员，不仅一表人才，还能讲一口流利的英语，在公司的许多商务谈判尤其是外商谈判中都能看到他的身影。相比之下，阿健的顶头上司——销售经理就不那么显眼了，没有很高的个头，学历、水平甚至连能力和阿健似乎都没得比。

一次，阿健和经理一起去参加一个商务宴会，在宴会上，阿健得意地与外商频频举杯，用英语和外商聊得不亦乐乎，阿健的上司则被冷落在一旁。宴会结束后，阿健和经理一起送外商出门，没等经理伸手，阿健就抢先和人家握手道别，这一举动让上司马上变了脸。这次事件后没几天，阿健就被调到另外一个不太重要的部门了。

后来，阿健在和同事的闲聊中无意听说，原来他的这次调职是因为上司在公司老板面前打了小报告，说阿健不够稳重，爱出风头，因此不适合做销售业务，还有待磨炼。经朋友点拨，阿健终于明白是自己“越位”了——没有定位好自己的角色，抢了领导的“镜头”，犯了职场大忌。

阿健的教训提示我们，对于自己所扮演的社会角色一定要准确定位，然后再认真地扮演好它。

在社会角色的扮演中，有时我们也会遇到其他一些角色失调的情况，这不仅使自己的角色扮演遭遇障碍，严重时还会导致角色失败，影响自身的发展以及与他人的人际协调。常见的角色失调有以下几种情况：

1. 角色冲突。即在角色之间或角色内部发生矛盾、对立，妨碍角色扮演的顺利进行。角色冲突有两类，一是发生在不同角色扮演者之间的冲突，如夫妻冲突、婆媳冲突等。它常是由角色利益上的对立、角色期望的差别以及偏离角色规范等原因引起的。二是在角色扮演者自身产生的冲突。这又有几种不同的情况：首先，当一个人所承担的多种社会角色同时对他提出要求，使他难以胜任并在时间与精力上出现紧张感，亦称“角色紧张”。其次，当一个人所承担的几种角色间出现行为规范互不相容的情况时，就会发生角色冲突。防止角色冲突只能根据不同情况采取相应的对策。针对角色紧张应减少过多兼职，解除过重的负担。针对角色规范冲突，就应使人的角色单一化，即在一种场合只扮演一种角色。

2. 角色不清。即社会大众或角色扮演者对于该角色的行为规范认识不清楚。在社会与文化急剧变迁时期，很多社会角色的行为规范都超出了过去人们习以为常的范围。在变迁中，当一种新角色初次出现，社会还没来得及对其权利义务作出规定，这也会造成角色不清的情况。

3. 角色失败，亦称角色崩溃。这是最严重的角色失调现象，是指角色扮演者被证明已不可能继续承担或履行该角色的权利和义务，不得不中途退出舞台，放弃原来角色的一种现象。

这些角色失调的现象归根结底还是由于人们没有很好地对自身的社会角色进行定位和适应，是一种可以改善以及补救的现象。

总而言之，正如我们常说的“人生如戏，戏如人生”，既然社会将角色赋予我们，那么不管是出于责任还是道德，我们都需要扮演好它。成功地扮演好属于自己的角色，我们才能获得事业和生活的成功。

CHAPTER 03 第三章

人际关系中不可触碰的心理禁区

“禁区”是指未经许可不允许进入的特殊地区或者区域，它不仅存在于现实生活中，也存在于人们的内心。每个人的内心都有一个界限，是区别于自己和他人的，这个界限会因为彼此关系的不同而发生改变，但不会消失。如果说界限之外是人们正常进行沟通和交流的区域的话，那么界限之内则是心理的“禁区”。这些心理禁区一旦被触碰，将会对我们的人际关系产生很大的负面影响。

第一节　以诚待人，才能赢得尊重

李嘉诚曾经说过："问候不一定要郑重其事，但一定要真诚感人。"真诚，是李嘉诚取得成功的一个重要条件，同时也是人际关系的首要原则。对于这一原则的背弃，将触碰到人际关系中的一个重要禁区。

诚，即真诚，是指对人真实诚恳、实心实意，以坦诚相待的方式从心底感动他人，以取得交往中的相互信任。古往今来的许多优秀文学作品中不乏以真诚来感化人心的典范，如刘备三顾茅庐，以诚心感动诸葛亮，使其终身为蜀国服务，鞠躬尽瘁，死而后已。在现实生活中，真诚也会使我们广结善缘，缔造幸福美满的人生。

人出于自我保护的本能，会对一切未知或不确定的人或者事物产生恐惧感。在人际交往中也是如此，难以把握或者是看不透的人对于我们来说就是未知的、不确定的。面对这种恐惧，人们出于自我保护会本能产生疏远的心理，心灵无法靠近，两人的人际关系就无法建立。在生活中我们常说一句话——"防人之心不可无"，如果从人类本能的角度来考虑，倒也无可厚非。但如果打着"防人之心"的幌子去为自己的不真诚辩护，就有点"顾左右而言他"的意思了。

人与人的交往表现在生活中的各个方面，如朋友和朋友之间的交往、同事之间的交流、陌生人之间的打招呼，等等。我们可以根据不同的交往类型来决定自己对对方坦诚的程度，但是不能因为交往不深而故意地欺骗或者隐瞒对方。如某人新到一家公司，可能由于对各方面的人事、制度等还不是很了解，因此很少与人交流，别人也不会计较什么，但如果过了一段时间，大家都彼此熟悉之后，他因为对他人戒备心过强而甚少与人交流看法时，别人难免会疏远他。这还不是最差的情况，最差的情况是他通过刻意地欺瞒或者捏造信息对自己进行包装。如果是这种情况，那这个人就缺乏真诚的品质了。

真诚归根结底是对人们交往时的一种感情上的要求，它不表现在你说了多少话，也不表现在两个人的交往方式上，而在于两个人在相处时是否付出了真情实感。

方某是某大学的一名在读研究生，由于在读研之前曾经有过一段时间的工作经历，因此刚开学没多久很快就成为同学们眼中的“知心姐姐”。

方姐姐确实也很“称职”，没事的时候，在宿舍里经常和这些没出过校门的学妹讲一些外面的事情，还有自己的经历，也经常充当宿舍姐妹的情感咨询师，为大家的情感问题出谋划策。方姐姐性格外向，不仅和自己班里的同学非常熟悉，和其他班级的同学关系也不错。方姐姐在每次回家时总会热心地问一些同乡的学妹需不需要带东西。刚开始，大家都觉得有点不好意思，后来一起玩得熟了，慢慢就有一些同学开始让方姐姐帮忙了。但是方姐姐的记性似乎很不好，有好几次都忘记了学妹的嘱托。刚开始大家也没有在意，就当方姐姐太忙了。

随着毕业的临近，每个人都开始变得非常忙碌，大家忙着做毕业设计，忙着找工作，只有方姐姐似乎很悠闲——可能家人已经安排好工作了。然而看似“悠闲”的方姐姐事情却很多，一会儿需要宿舍的人给自己带个早饭了，一会儿人又在外面需要同学帮领个快递了，又或者毕业论文头绪不清需要人帮忙给理理，等等。每次方姐姐说得都很客气，并且还承诺请吃饭什么的。虽然吃饭一次也没有兑现，但是大家看在以往的情分上还是尽量帮方姐姐的忙。

一次，方姐姐想请一个叫李某的男同学帮忙修改下论文的格式，李某由于毕业在即，有很多事情要忙，因此委婉地拒绝了方姐姐。这在他人看来也许是一件很正常的事情，但是方姐姐的心里觉得非常委屈，她觉得自己平时对李某挺好的，对方竟然如此自私。抱怨最终通过李某的朋友传到了李某的耳朵里，作为男生，李某并没有理会方姐姐的抱怨。他并不觉得自己欠方姐姐什么，并且从他的角度看，他已经帮方姐姐很多了——方姐姐的论文选题都是李某帮忙做的，他现在不过是忙些自己的事情，怎么就自私了？

很快，随着方姐姐的抱怨，李某和她的这点“私人恩怨”大家都知道了。弄清来龙去脉的同学们虽然也安慰方姐姐，但是慢慢都开始疏远她。直到毕业，方姐姐都没有搞清楚自己的人际关系究竟是怎么了。

校园就像是一个小型社会，只不过是规模缩小了一些而已。方某的故事在现实社会中也时有发生。我们中的很多人身边可能都有这样一个“方姐姐”，为人热情，落落大方，经常表现出乐于助人的意愿，但是在真的需要她帮忙的时候，对方却“很忙”。他们表面上看似拥有很多朋友，但这些都是短暂的，或者说是表象，因为最终他们会发现，真正遇到困难的时候，那些所谓的朋友都不见了。

这种现象是否意味着现代人都太虚伪了呢？其实并非如此。我们中国人常常讲一句话：“己所不欲，勿施于人。”不要把自己不愿意接受的东西施加在别人身上。人际关系中我们都希望别人对自己真诚，真心实意，这样做不仅是一种尊重，同时还是一种爱，是属于人类群体的爱。这种爱让我们感受到归属，感受到成就，感受到幸福和自我实现。但是，我们在与人交往的时候因为害怕受伤害，所以有时候会选择把自己包裹起来，这种伪装虽然确实起到了保护的作用，却因此让自己变得不“为人所知”。这又何尝不是对别人的一种威胁呢？因此，你对别人不真诚，别人也只能对你不真诚。

马斯洛的需要层次理论告诉我们，每个人都有渴望得到他人尊重的需求。对他人真诚，意味着一种开放和信任，这就是尊重。因此，在人际交往中，当我们发现一个人是真诚的时候，就会不自觉地对他产生尊重的心理，因为我们自己受尊重的需求也得到了满足；而一个虚伪的人，是不懂得尊重的人，这样的人也不会得到尊重，我们会从心底鄙视和防范他。

生活就是这样，你以什么样的方式对待别人，别人就会以同样的方式回报你。这不仅是生活，更是人际关系的准则。

第二节　每个人都有自己的“领地”

在西方的寓言里，有这样一个故事：在寒冷的冬天里，有两个刺猬因为寒冷想要依靠在一起互相取暖，刚开始由于距离太近，各自的刺将对方扎得鲜血淋漓，后来它们调整了姿势，相互之间拉开了适当的距离，不但互相之间能够取暖，而且也很好地保护了对方。这就是心理学上有名的“刺猬效应”。它向我们揭示了人际关系中的又一个心理禁区。

每个人在生活中都需要空间，这是一个完全由自己把控的空间。这个空间就像一个无形的“气泡”一样，为自己留下了一块“领地”，别人一旦靠得太近，“气泡”受到挤压便产生压迫感，因此会本能地在心中产生抗拒，似乎自己的“领地”受到了侵犯。只有彼此之间保持一个适当的距离，才能既亲密又舒适。这就是“刺猬效应”告诉我们的道理。

心理专家经调查研究发现，在人们的心理上普遍存在“领地”意识，并且对这个“领地”的保护欲望非常强烈，一旦被别人侵犯，无论是有意的还是无意的——大多数情况下都是无意的，心里就会产生不舒服、不安全的感觉，这种心理上的感觉会促使人们产生远离对方的想法。但是，这个“领地”并不是固定的，而是相对的，它的范围大小由交往双方的人际关系以及所处情境来决定。

所谓的“领地”不仅仅是心理上的，有时在现实中也存在，表现为人们交往时的距离。一般来说，当两个人的关系比较亲密时，会靠得比较近。但如果是一般的熟人，即常见的朋友之间交往时，则会产生一定的距离，这种距离虽然不大，但是一旦超过界限，就会让人产生被侵犯的感觉；如果是认识却并不熟悉的人，在交往时所产生的距离更大，往往保持着一张桌子的距离，这样才能使彼此都放松；如果相处的是一个陌生人，彼此的距离是最大的，以这样的距离相处才会让人产生安全感。

也许有人会说，朋友之间交往讲究的就是坦诚相待、以心换心，为什么心理上或者现实中的距离太近反倒会造成侵犯别人"领地"的感觉呢？这里我们需要澄清的是，坦诚相待是一种对己的要求，而不可以强加于人；另外，坦诚相待也不意味着要把自己的隐私及所有事情都不分场合、不分对象地告诉对方。首先，我们在与人交往的时候，应尽量在感情上真诚相待，在他人遇到困难时提供力所能及的帮助，而不是有意无意地去探听他人的秘密，这是没有必要的；其次，我们在与人交往的时候，出于对对方的尊重，在没有取得他人允许或者是对方没有主动告知的情况下，不要过分地要求他人暴露自己的隐私，也不要打着"朋友"的旗号去侵犯别人内心的"领地"；最后，在交往中我们也不应为了表示对朋友的信任，将自己的一切情况、观念、态度等向对方和盘托出，这样没有"领地"意识的行为虽然有时确实可以拉近彼此之间的距离，但是也容易给对方造成一种压迫感——一个没有"领地"意识的人，又怎么会尊重他人的"领地"呢？

在现实生活中，越是亲密的人往往越容易犯这个禁忌。

霞和光是大学校园里的一对情侣，像我们常见的校园情侣那样，他们也曾天天出双入对地出入于食堂、宿舍，漫步在操场上和小河畔。每当光在篮球场上打篮球时，霞总是会在一旁含情脉脉地看着他，投球入篮时，霞会大声喝彩；投球失误时，霞也会感到遗憾。这个时候，霞是光最忠实的观众和粉丝，似乎打篮球就是霞眼中一场精彩的表演。其实，光只是想在一天的紧张学习之余放松一下而已。

光在每天清晨醒来迎接第一缕阳光的同时，也会准时收到霞的早安短信，在微信和QQ空间也随时会收到霞的询问——霞无时无刻不想和光在一起。慢慢地，光不管做任何事情总是有一种被监视的感觉，光觉得无形中有一双眼睛在时刻盯着自己，这让他感觉很不舒服。光和霞沟通过，也尝试着注册其他马甲来逃避霞的“注视”，但是没过多久，霞就会找到光。在这种现实版的“猫捉老鼠”的游戏中，光开始感到疲惫，伴随着疲惫感的还有沉重。后来在愈演愈烈的追踪中，光终于忍受不下去了。他决定和霞分手。面对霞“我这么关心你，你为什么还会这样”的质问，光只说了一句：“真诚地感谢你这一年多来对我的关心和照顾，但是我真的需要空间，因为这对于我来说还意味着信任。”

生活中每天都会有像光和霞这样的故事上演，谁对谁错我们没有办法判断，但是有一点我们可以看得出，那就是亲密无间的爱情也是需要个人空间的，这个空间就是每个人自己内心的“领地”。

无论在世界的任何一个地方，人的孤独感是与生俱来的，并且随着生活的变化而逐渐加剧，这个时候人们为了满足心中的这种需要而尝试着相互靠近，于是有了朋友，有了情侣，又有了夫妻，有了各种各样的人际关系。因为害怕孤独，所以我们努力想让彼此靠得更近、再近一些，却忽略了那个原本存在于人内心的“领地”。因此，要想人际关系和谐，我们必须认真地对待这个“领地”。

由于中国人比较重感情，我们对于爱的传统观念也给身边的人带来了很多困扰。如父母对于子女，往往喜欢将自己的价值观念和思想强加给子女，使孩子不能按照自己的意愿自由健康地成长，这就忽视了子女的心理活动空间，没有尊重子女的心理“领地”，容易引起子女的逆反心理；成年人对于父母或其他亲人，相较而言因为毕竟是有血缘、有亲情关系的，因此在做出许多行为时并没有太多的顾忌，彼此之间也更容易接纳和谅解，但是亲人之间同样会有利益冲突、有矛盾、有代沟、有隔阂，因此在相处时，也要尊重彼此的“领地”，维护亲人之间的平衡与和谐。

古人云：“君子之交淡如水。”在与朋友相处时，如果太亲密，相互之间没有秘密、没有隐私、不设防，没有应有的心理距离，容易造成彼此交往中无意识地侵犯了对方的领地，在自己不知道的情况下伤害了对方的利益，因此产生猜疑、矛盾和误解，所以与朋友之间的交往，还是应该你就是你、我就是我，需要时互相帮助、互相关心，不需要时各自享有自己的私人空间，享受自己的私人生活，友谊才能更长久。

在生活中，除了亲人和朋友，我们接触最多的就是领导和同事，他们与我们的前途和利益息息相关，既要相互合作，又互为竞争对手，比亲人间的交往复杂得多，危险性也更大，因此保持应有的心理距离就更为重要。这也是保护自己不受伤害、不被侵犯的最好办法和最有效的心理防线。同时，我们要注意不要随便去侵犯领导和同事的“领地”，用尊重和理解去做一个受欢迎的人。

正如上文提到的，“领地”在实际应用中还表现在人与人交往时保持的客观距离。这种距离是有弹性的，不同的人、不同的环境，需要的距离也是不一样的。其中，我们尤其需要注意的是文化差异的影响。不同文化背景下的人们由于受各自民族文化的影响，会有不同的交往方式以及对交往距离的限制。如果我们不小心超越了这种界限，则易引起他人的反感。

社会地位和性格也会对交往距离产生影响。社会地位高的人需要更多的自我空间，过分亲密在他们看来相当于不尊重；性格开朗的人自我空间较小，容易接近，而性格孤僻内向的人则需和他们保持一定的距离。

正如我们常说的心理学人际关系原则：不要对别人期待太多，也不要让别人对你期待太多。保持适当的心理距离，让距离产生美，唯有如此，我们的人际关系才会变得更加和谐。

第三节　拒绝做不良情绪的传播者

如果你的身边有一个天天诉苦、日日抱怨的人，你会选择积极地安慰还是逐渐地远离？面对这样的问题，许多人的内心都会作出后一个选择。不是因为人情冷漠，而是出于保护自己的本能。

我们常用“飞蛾扑火”来表达不顾一切，勇于追求，却忽略了生命本身的趋光性。具有这种本能的不仅仅是动物，还有人类——我们追逐的虽然不是实际的光源，却是像光源一样的明亮与希望，这是一种可以带给我们力量的能量。能量是我们做一切事情的动力，每个人与生俱来都是带有能量的，这种能量赋予我们积极、乐观、向上的精神，让我们有能力和信心去对抗外界产生的挫折和不顺。但是能量也是会消退的，随着我们经历和处理事情的增多，原本充沛的能量也会一点点消减。那么，我们要靠什么去补充我们的能量呢？一种方法是依靠自身的能量场，另一种方法则是依靠人与人之间的能量传递。

人体自身的能量场的外在表现为意志力，我们在生活中也会发现有些人的意志力很强，有些人的意志力相对薄弱些，意志力薄弱的人很容易受到他人的影响，这些影响中有正面的，也有负面的。接受正面能量传递对于自身的能量是一种补充，受到负面能量的影响则是一种损耗，因此在日常生活中，人们都会本能地去躲避那些可能给自己带来负面能量影响的因素或人，尤其是一些不良情绪。

情绪是每个人都会有的一种体验，在我们生活的环境中，随时随地都可能给我们带来刺激，进而产生情绪。换言之，情绪就是人类心理对外界刺激的一种反应。如果对某种刺激的反应过度，则会引起不良情绪，如焦虑、紧张、愤怒、沮丧、痛苦、难过、忧郁等。这些不良情绪不仅影响自己的心情，同时还具有传染性，会影响周边的人，长期如此则会影响我们的人际关系。

关于不良情绪的传染性，南加州马歇尔商学院的研究人员曾专门做过研究，他们通过研究发现，当人们看到有人指责（即使是不公平的指责）他人时，他们也可能在心里产生对他人的责怪情绪。森尼尔·法斯特教授称“迁怒他人其实是在保护自己的自尊心”，在同理心的作用下，他人极有可能“有样学样”。人类出于“趋利避害”的生理本能，对负面情绪天生就会更加敏感。

某日，一位妈妈在接孩子回家的路上乘坐公交车，刚上车，司机就把门给关上了，差点挤到这位妈妈的胳膊。公交车司机的恶劣态度难免让这位妈妈很生气，很快她发现，司机似乎是在闹情绪，不知道是受了谁的气，车开得猛，刹车也急，车上站着的、坐着的都开始东倒西歪，有些人不免开始骂骂咧咧。好不容易挨到了下车的地方，这位妈妈带着孩子迅速下了车——她急于摆脱这趟令人无论是心理还是身体都十分不舒服的公交车。

但是经过刚才那么一路，这位妈妈的情绪显然也受到了影响。下车后，面对孩子的一声“妈妈抱”，妈妈终于再也憋不住了，吼了一声：“妈妈累，自己走！”看着不知所措的孩子，妈妈尽管有些懊恼，但心里面的压抑还是没有完全疏解。等回到家后，这位妈妈又因为丈夫没有问候和关心，和丈夫大吵了一架，丈夫也很郁闷。这真是个倒霉的下午。

在这个案例中，我们会发现，不良情绪的影响力和传播性是很强大的。原本在生气的只有公交车司机一人，可是似乎整个公交车上的人都受到了传染，尤其是那位带孩子的妈妈以及她的孩子和不在现场的丈夫。就像是传染病一样，假如有选择，想必人人都会主动选择远离“病源”。在人际关系中，这种不良情绪就是一种“病源”。

李某是某公司的一位资深员工，在公司颇有人缘。由于入职时间长，性格也很外向，因此公司的事情几乎没有她不知道的。玲是公司今年新招聘的一名文案，大学毕业没多久，写作能力不错，在公司很受领导器重。由于两人的家正好在同一个方向，因此玲慢慢地和李某接触多了起来。

因为李某是老员工，玲也想多请教请教这位“李姐”，两人下班路上的交谈渐渐深入。在交谈中，李某得知玲是名牌大学的研究生，以前曾经在许多不错的单位实习过，觉得玲来这个单位还有点屈才。起初，玲并不以为意，工作既然是自己选择的，自己就会努力把它做好。很快，到了发工资的日子，玲也领到了自己在这家公司的第一份薪水，心里美滋滋的玲在下班路上又遇到了李某。李某看上去好像有点不高兴，见到玲就问她发了多少工资，玲有点诧异——这多少让人有点不好意思吧。

但是在李某的不断追问下，玲还是含糊其词地说了自己的工资数。李某一听，马上就说：“这公司就这样，一个月下来这点钱也就够吃饭。钱少就不说了，你不觉得公司事还多吗？”作为新人，玲很诧异李某怎么会说出这样的话。从此以后，几乎每次见面，李姐都会向她抱怨公司的制度不合理，或者是工作中的不如意，起初玲还是热心地安慰李某，慢慢地玲开始在工作中感受到李某说的那些事情，有时也觉得心烦，甚至怀疑自己的选择是否正确。这时的玲已经在不知不觉中被李某的不良情绪给影响了。

面对自己的这种状态，玲很迷茫，也很纠结，不过她很快就调整了过来。每一个公司都有自己的制度，能够存在这么长时间并且还能够留住许多像李某这样工龄长的员工，说明这个公司还是有吸引人的地方。

既然已经选择了这里，任何事情都应该从好的角度来看，不应该让这些负面的情绪影响自己。调整过来的玲又恢复了初来时的朝气蓬勃。并且，她也开始慢慢地疏远李某。因为她不想再让别人的抱怨影响自己好不容易调整过来的状态。

在生活中，我们每个人都难免会遇到一些不顺心的事情，也会因此产生悲观、沮丧、愤怒等负面情绪。无论我们是否有足够的能力来对情绪进行管理和调节，有一点是肯定的，那就是我们谁也不愿意受到不良情绪的影响。也许有人会说，朋友不就是用来排忧解难的吗？如果有什么不开心的都不能和朋友讲，那么还算是朋友吗？朋友固然可以在你伤心的时候安慰你，在你生气的时候劝诫你，但是假如你自身的不良情绪已经成为一种常态，而非偶尔为之，这个时候再好的朋友也没有“精力”来拯救你。正如我们强调的能量的传递性，一个终日传播不良情绪的人非但不能给身边的朋友带来正能量，反而会影响他人做事情的信心和热情。人生于世，假如终日愁苦，忧虑不安，那样岂非太过无趣了？

此外，如果从人际关系诞生的角度来讲，社会交往本就来自社会交换，虽然我们交换的并不一定是实物，也可能只是一种精神的需求，但总需要互惠互利才可以保持交往的持久性，形成稳定的人际关系。这种说法也许有些功利，但是遍观人的交往关系，无不是如此。住在同一单元的楼上楼下的邻居因为“远亲不如近邻”，必要的时候可以互相帮忙，而选择友好相处；初入一个陌生环境的新人总是在小心翼翼中和他人进行交往，为的是尽快熟悉环境，适应环境；性格内向的人希望与阳光、外向的人交往，是因为可以从他们的身上汲取正能量，增强自身的信心和勇气，等等。换言之，人与人之间交往的发生，皆是因为在交往的过程中可以获取某种物质或者精神方面的利益。一个没有足够能量来应对挫折、充满负面情绪的人，除了能将自身的不良情绪传播给别人，又能给身边的人带来什么好处呢？

因此，从现在开始，请做一个阳光快乐的人，和忧郁、沮丧等不良情绪说再见吧！你会发现，当你拒绝成为不良情绪传播者的时候，别人就会开始向你靠近，这就是良好人际关系的基础。

第四节　不能伤的“面子”

中国有句俗语：“人活一张脸，树活一张皮。”在人际交往中，面子问题常常会成为头等大事，一旦处理不慎，伤的不仅是对方的“面子”，还有两人之间的关系。

美国传教士史密斯曾在他的著作《中国人的性情》中专门提到了中国人的“面子”问题，他认为，“面子”对于中国人的复杂含义要比他所了解和领悟到的深刻复杂得多。鲁迅先生也说，面子文化在中国影响既深且广。事实的确如此，在中国，“面子”问题渗透到我们生活的方方面面：上自国家政要，下至平民百姓，小到民间婚丧嫁娶，大到商务谈判、国家外交，“面子”文化无处不在。为了面子，人们小则翻脸，大则闹出人命。如果你是一个对面子不看重的人，那么你也必定是一个不受欢迎的人；但是如果你只顾自己的面子，不顾别人的面子，也同样不会受到欢迎。尽管我们常说“死要面子活受罪”，提倡按实际情况出发，不虚荣，不攀比，但若是真的在实际交往中伤及了“面子”，还是会造成不良后果的。

面子的确很重要，从某种程度上来讲，面子其实就是“地位”的象征。一个人的面子如果没有得到满足，就会在心理上产生一种不被尊重、没地位的感觉。这确实很糟糕。面子问题在中国不仅是一个社会学问题，还是一个心理问题，是中国人在处理人际关系、开展社会交往过程中不断演化发展而来的。

面子文化在中国拥有强大的生命力和认同感。

首先，这是由中国古代的社会特征和传统文化决定的。中国古代社会是以家族为核心的，这就决定了一个人的荣辱与家族紧密相连。例如，历代士子状元及第后，都要衣锦还乡、祭祀祖先，好让他的荣誉为整个家族挣到面子。同时，由于长期受儒家文化的熏陶，儒家提倡的“和为贵”就自然成为一种人际交往原则，给别人“留几分薄面”，成了我们维护日常人际和谐的一种重要准则。

其次，从我国汉字中对于“脸”和“面”的解释来看，脸和面虽然在某些意义上是相通的，如作为指示名词的“洗脸”“洗面”等，但是如果将“脸面”放在一起，意义又发生了变化。“脸”倾向于道德判断，如骂某人“不要脸”。但是“面”则包含着一种权力的意味，如给某人“面子”。如果从这个角度来讲，好面子也可以理解为对权力的炫耀。比如，当别人做不到的事情你做到了，那么也就意味着你比他人拥有更多的资源和权力，这样就是有“面子”。因此，让人觉得有“面子”，其实就是对对方权力和资源的肯定，也就是满足对方的自尊心。

由此可见，“伤面子”确实会影响我们的人际关系。也许我们本是无意的一个行为，由于没有顾及对方的面子，就会被误读为不尊重对方，不在意彼此之间的关系。

那么，我们在人际交往中要如何避免触碰人们的这一心理禁区呢？我们要尽量避免做出“不给面子”的事情，如不要当面用语言羞辱别人，包括你的同事、朋友、亲人等一切周围的人，这里的语言羞辱也包括当面揭露别人的短处，进行人身攻击等；假如我们对某人有意见，最好私下沟通，不要当众表达不满，让人下不来台；每个人都有自己的分内事，超出自己分内之事去越界插手他人之事，也是一种不给面子的表现；遇到分输赢的场合时，要手下留情，不要只顾着自己赢，让他人输得过于难堪；要谦逊，懂得感恩，遇见有功劳的事情要和身边的人一起分享，不能贪功，也不要抢别人立功的机会；等等。总之，只要我们怀有对他人的尊重，时常站在对方的角度去考虑问题，替对方着想，就不会做出“不给面子”的事情了。其次，要主动制造“面子”给对方。在现实生活中，绝大多数人都会对“面子”很受用。

说到底，面子就是人格尊严的一种通俗讲法，尽管它在中国表现得更为明显一些，但是人格尊严问题在任何国家和民族的人心中，都是非常受重视的，只是表现的形式和程度有所不同而已。在人际关系中，只要我们能抱着“我能替对方做什么，才能让对方有面子”的想法来进行人际交往，就可以避免自己的人际关系出现问题，也可以促进积极、良好人际关系的形成。

第五节　尊重彼此，不做“包打听”

好奇之心，人皆有之。但是如果在人际关系中过于好奇，则容易侵犯他人的隐私，给别人造成一种不安全感，那么出于对自身的保护，人们也只能选择远离这类人。“包打听”就是这种在人际交往中好奇心太重的人。

“包打听”是过去上海的方言，也是一种行当，这些人经常出没于茶馆、酒楼之类的人群聚集地，通过留意别人闲谈来获取有用的消息，出卖给警察或者有需要的人，也被称为“线人”或者“密探”。“包打听”除非是警局刻意安排的，其他人提供消息都是要收费的，因此逐渐形成一种职业。由于在老上海，“包打听”基本上都是为那些有权有势的人服务的，因此名声并不好。随着时代的变迁，“包打听”逐渐脱离了过去那种纯粹贬义的含义，开始成为一个中性词语，有时也会被赋予重任，提供一些便民服务什么的。

在日常生活中，如单位同事圈子中也经常会有一些类似“包打听”的人，他们的口中总有着数不尽的“最新消息”，如某个同事什么时候结婚，新娘是怎么和他认识的；哪个部门的主管原来是哪位领导的下属，领导升职后他也跟着被提拔到了主管……不仅限于这种无关痛痒的“最新消息”，还有一些八卦新闻，如某某最近分手了，因为嫌弃男方穷；某男和某男关系不和，因为两人曾追求过某女；等等。这些消息中因为有些涉及他人的隐私，会给别人造成尴尬或者不便，因此当事人对此是深恶痛绝，自然影响到彼此之间的关系。这些所谓的“消息灵通人士”为了确保自己能掌握更多的信息，总是想方设法地去打探、窥视别人的隐私，让人防不胜防。尽管人们从心理上排斥“包打听”，但是有时还不得不与“包打听”相处。为什么到处都会存在“包打听”呢？

我们说每个人做事都有自己的动机，“包打听”也不例外。在“包打听”中不排除有一类人，他们和“包打听”的最初含义一样，受上级的指使，在上级不方便参与或者无法在场的时候，通过闲聊或偷听这种非正式的沟通渠道收集下属对上级的意见和看法，然后将其汇总报告给上级。这是一种属于“密探”型的“包打听”，我们最初可能不会洞悉其身份，但是只要谨遵工作原则，对领导行为做到三缄其口，不在背后说坏话，基本上不会对我们造成太严重的人际困扰。

另一种“包打听”是属于居心叵测的，他们打听各种小道消息，目的是掌握别人的把柄或查清人脉中个人之间的相互关系，必要时可以要挟别人，或是从派系斗争中获利。对于这种人，我们一定要注意不要告诉他们自己的隐私，对于自己和别人的关系，最好也是采用一种“模糊”的叙述，让其无法判断你们之间的关系究竟是好是坏。

还有一种“包打听”，他们工作能力一般，业绩平平，但是为了突出自己的“存在感”，给大家留下点深刻印象，将“信息灵通”作为救命的稻草。他们通过为他人提供咨询和解惑答疑来证明自己存在的价值，当大家什么问题都向他咨询时，工作中的不尽如人意的感觉很容易被这种“万众瞩目”的感觉所取代。

当然，更多的是这样一种人，他们做“包打听”纯粹是出于一种兴趣，这种人往往拥有强烈的好奇心，对任何事情都很好奇，好奇到对别人的隐私也要“打破砂锅问到底”。他们有时会直接向当事人打听，有时会通过其他人的闲聊去探听。这样的人可能别有居心，也可能是无意的。不管是有意也好，无意也罢，由于过分探听和自己无关的事情，因此在人际关系中会给人留下“包打听”的印象，让人无法产生亲近感。

小林是一所高校的老师，被同事们私底下称作“奇葩”。刚开始，一些新来的同事还有些不明所以，不过很快大家就领略到了她的“奇葩”之处。一次在食堂打饭时，小林遇到了两位刚入职的新老师，由于其中一位刚刚和她一起监考过，因此她很自然地和那位老师打了招呼，并且坐在她们边上一起用餐。由于另一位老师并不认识她，因此刚开始也不多话。而那位与之有过一面之缘的老师不知道出于什么原因，也在想方设法地回避小林的问题。

只见小林开始转向那位没见过的老师，问道：“你们都是一个办公室的吗？”“嗯，算是吧。”那位老师因为不认识她，所以也没说得很详细。“难道不是吗？”小林似乎感到蹊跷，接着问道。“哦，我们教的不一样，但是经常在一个办公室。”那个老师可能觉得回答一下没什么不便，也不忍让小林难堪。“那你们都是今年刚来的吧？”小林继续问着，两个老师一边吃饭，一边含糊地应着。“你们觉得这个学校怎么样？”看着对面两位老师略带不解的眼神，小林接着解释道：“你们不都刚发过工资吗，觉得这个学校怎么样？谈一下你们的感受吧。”在小林这句话说出口后，那位和她有过一面之缘的老师彻底无语了，而这位素未谋面的老师也真的不知说什么好了，只得含糊地说一句“挺好的”，而后迅速埋头吃饭。速战速决之后，两位老师礼貌地和小林告别离去。

原来，早在小林和那位老师一起监考时，她就已经开始对其“狂轰滥炸”了，抓住任何机会问一些奇奇怪怪的问题，而且不管人家是否愿意说，都是一副“打破砂锅问到底”的架势，怪不得这次见了之后，对方会是这样的表现。而且对于那位素未谋面的老师，小林的举动确实有些唐突了，让人无所适从。

通过其他同事对她“奇葩”的评价来看，小林的这种行为应该不是一天两天了。可能她的行为是无意的，又或者只是出于对他人的一种好奇。可是这种不顾他人心理和社交禁忌的打探，已经严重影响了她与他人的人际关系。别人会因为她的这种无意识的“包打听”对她疏远。我们在前文中提到过每个人在心中都有一块自己的“领地”，对于那些不请自来或者强迫自己开门的不速之客，我们的内心一定是抗拒的。这种抗拒将影响两人之间的进一步交往，妨碍人际关系的发展。

最令人讨厌的“包打听”莫过于传人是非的类型了。这类“包打听”不仅在人多的场合收集信息，同时还在人多的场合散播信息。人多的地方难免充斥闲言碎语，在这样的环境中，掌握信息最多的人往往会成为“信息的传播源”，有时他们会成为一个不小心造谣的人，有时还会成为被别人“攻击”的对象。乱糟糟的信息不仅影响我们的工作效率，更重要的是还影响我们的心情，影响我们做事情的动力。所以，人们都会在力所能及的范围内不让那些传人是非的“包打听”有获取信息的机会。

总而言之，“包打听”的类型很多，他们都是因为某种利益需要而产生的，有些对我们无害，有些却对我们有害，但是由于我们无法准确地对其进行辨别，因此我们也只能对所有“包打听”一概“敬而远之”。尊重对方，就要先从尊重别人的告知权开始，只有彼此尊重，不做“包打听”，才能取得对方的尊重，建立属于自己的良性人际关系。

第六节　惹人生厌的“过度表现”

在生活中，我们每个人都渴望得到他人的重视，为了引起他人的重视，我们努力抓住一切可能的机会去表现自己，窃以为只要自己表现得好，别人就一定会重视自己。但是我们忽略了这种需求的普遍性，只顾着自己表现，忽略了其他人的感受，成为一种惹人生厌的“过度表现”。

表现自己作为人类的一种本能，是建立在一定目的上的自我展示，如人们为了找到心仪的工作，会从简历、外在形象、面试过程等方面尽量包装自己、展现自己等。这本没有什么“过度不过度”之说，只要我们是出于一种正当的目的，就无可指责。但是如果这种表现发生在人际交往中，性质就会发生改变。在人与人的交往中，大家都希望得到别人的重视，因为重视意味着他人对自己的肯定和认可，而这种肯定和认可主要是通过交往中的彼此评价获得。因此，为了提高自己在他人心目中的形象和地位，有的人会通过一些特别的方式表现自己，如喋喋不休地向他人叙述自己，做一些特别的事情，制造各种“声音”，等等。这些不顾他人感受的表现，就像是“噪声”一样无形中给他人制造了压力，让人厌烦。

心理学家研究发现，人类的这种“表现”心理，从有自我意识开始就产生了。在我们两岁左右的时候，还不会使用“我”这样的人称代词，但是为了强调自己的存在，引起大人的注意，经常会在大人讲话的时候无意中插上一句或者只是简单的模仿，然后在大家的夸赞声中感受被重视的喜悦，这时候的孩子认为自己是非常可爱的；假如小孩的话没有引起大人的注意，或是大人没有鼓励这种行为，孩子可能会采取另一种形式，如制造一些声音来引起大人的注意。比较常见的有大声哭闹、砸东西等。他的哭闹其实并不是伤心，也不是觉得砸东西有意思，这一切行为就是为了让大人关注他的存在，引起大人的重视。尽管孩子们的这些行为给大人们带来了许多困扰与烦恼，但是孩子们仍然乐此不疲。

这种用“表现”来引起他人重视的行为一直延续到我们成年。尽管“表现”的目的仍然是引起人们的关注，却因为交往对象的改变而发生了改变。随着我们的成长，父母和亲人不再是我们的主要交往对象，我们的交往范围也在慢慢扩大。有一句话说得很好，那就是，这个世界上除了父母会无条件地包容你，其他人是没有这种义务的。当我们的“表现”面临的对象发生改变时，局面又会是什么样子呢？

琳是一个漂亮可爱的女孩子，刚入大学的她对一切都感到很新鲜，也很好奇。由于琳的性格比较外向，军训结束后就交到了不少朋友。有对她关爱有加的学长，还有朝夕相处的室友，大家对她都还不错，琳自已也觉得很幸福。想到自己离开父母外出求学的第一个月就能交到这么多朋友，她还是非常开心的。

琳的年纪在宿舍中是最小的，嘴巴也很甜，因此宿舍的姐妹们都当她是小妹妹，她也以“老幺”自居。或许是因为年龄小吧，琳慢慢开始表现出黏人的一面。由于宿舍的几个姐妹不在同一个班级，课程也不同，一般是哪些人有课，自己就走了，在下课的路上顺便把饭也吃了；军训时同进同出的情况慢慢开始发生变化，经常在一起的室友关系就变得相对更好一些。并且随着大学生活的日益丰富多彩，大家也没有像最初那样来关心和照顾琳这个“老幺”了；琳的学长由于还有女朋友要陪，加上入学初的一些琐事已经陪琳办理完毕，因此联系和交往都变少了。这一切琳看在眼里，不满在心里。

为了扭转这种局面，琳发挥了自己“可爱”的本性，开始撒娇卖萌地要求宿舍的同学等她一起吃饭，每次大家只要聚在一起，主角必然是琳，她总是有许多话和许多事情同大家讲，还要求大家作出回应，如果哪天哪个同学不想搭理她，她的脸就马上拉下来，摆出一副受委屈的样子。在琳的心目中，她觉得大家都应该照顾她。就连那位刚入学时格外照顾她的学长，她也总是毫无顾忌地去“麻烦”他，让学长的女朋友非常不满。

慢慢地，大家都开始觉得和琳在一起很累，因而渐渐疏远了她。

琳自己也很纳闷，她除了有些黏人，并没有做错什么啊？其实，黏人只是琳行为的一种外在表现，琳真正招人讨厌的是自己的“过度表现”。在与同学的交往中，琳从自己的角度出发，让同学们都去关注她，却忽略了别人也需要关注，生活并不是她一个人的舞台；在与学长的相处中，琳忘记了学长也有自己的生活、自己关注的人，只想让别人围着她转，最终给大家的生活带来了困扰。

这种“过度表现”的心理根源在一定程度上是因为小时候缺乏关注或者是父母管教过严。比如，有些父母由于工作忙碌，缺乏正确的教育观念，对孩子的成长漠视不管。而漠视则容易让孩子感到无依无靠，无法与他人建立相互信任的人际关系。在这种情况下，一部分孩子关闭了与人交往的心灵之门，而另一部分孩子由于渴望被关注和重视，在长大以后，总是想用各种方法吸引别人的注意。可是，由于他们从小没有学会如何与人打交道，过度地渴望他人的重视和关注，唯恐被忽视。所以，他们在成年后与他人交往时，就会显得比较以自我为中心，总是采取一些幼稚的手段来吸引他人的注意力。

要知道，想要时刻引起别人的注意，在所有方面都超过其他人，这种想法是不现实的。如果一个人用这样的标准来要求自己，不仅会让自己身心疲惫，同时也会让他人产生压迫感。因为这样做不只是简单地表现自己，也是在压制他人、否定他人的存在和价值。也就是说，过度地表现自己就是对他人的一种否定。因为我们在想办法吸引别人注意力的同时，必然有人会因为得不到关注而灰心和丧气。过度表现的实质是一种人际资源的掠夺。

防止过度表现，我们首先要对“表现”有一个正确合理的认识。在普遍注重人际关系技巧的现代社会，平等与互相尊重是人际交往的基本原则。因此，我们的任何表现都要在不违背这个原则的基础上进行。对此，我们可以从以下几个方面做起：

第一，在为自己争取表现机会的同时，也要注意给别人机会。不仅要做一个发言者，还要学会做倾听者，耐心地倾听，才能让人感到被尊重和接纳。我们需要获得的尊重和自我价值的肯定是在人际交往中实现的，而不是自己独立表现的结果。

第二，在他人讲话时，用及时回应来表达对他人的尊重。认真倾听并对别人的讲话积极回应，是对他人的一种肯定和鼓励，也是对他人的尊重。回应别人，哪怕只有一个适时的微笑，也会让别人对你的印象大为改观。这是一种无声的“表现”，使用得当，效果要比喋喋不休地标榜自己好很多。

第三，即使是别人与自己的观点相悖或者明显错误，我们也不要立即指出，把他人的错误当作自己“表现”的机会。我们要先肯定他说得好的、正确的方面，再谈自己的观点，并随时注意别人对此的反应和看法。如果看到别人有话要说，一定要让他表达，然后自己再说。切忌贬低别人、提高自己的有害“表现”。

第四，在与他人交谈时，多用“我们”，少用“我”。因为“我们”使人感觉亲切，而“我”则给人距离感。在使用“我们”的时候，即使有时无意中“表现”得过了头，但因为“我们”的存在，使得对方心理上产生一种“共同”表现的错觉，这种错觉有助于让别人在不经意间忽略我们的“过度表现”。

以上种种，都是在人际关系中防止过度表现的一些技巧。正如一位名人所言：显现自己与贬低别人只有一步之差。这一步之差就在于我们对“度”的把握。无论在任何场合、与任何人进行交往，我们都应将自己的身份、自己对某种知识的掌握程度同当时的场景和气氛结合起来，在促进人际关系和谐的基础上充分发挥自己的优势，这样才能博得别人的好感，建立良好的人际关系。

CHAPTER 04

第四章

“我”—“他”：人际关系中的双向互动

俗话说“一个巴掌拍不响”，这句话放在人际关系中也同样适用。从人际关系形成的过程来看，任何一种人际关系的建立，如果缺乏了“我”和“他”——人际交往中的双方互动，至多只能是一种表面上的关系，无法称为真正有效的人际关系。因此，我们在人际关系中不仅要注重自身，还要重视和交往对象——“他”的互动。

第一节　交往，从“识人”开始

在古代，我们常用“遇人不淑”来形容一个女子没有找到好丈夫。现在“遇人不淑”的含义有所泛化，经常用来指一个人结交了不好的人。然而，无论“遇人不淑”的含义在今天发生了什么样的变化，一个人如果以此来为自己的人际关系不佳找借口，都是非常不合理且被动的。一个人与他人的关系如何，固然与交往中双方的人品、态度有关，但是也与一个人的“识人”能力密不可分。因此，交往应该从识人开始。

老子说“知人者智”，识人其实是一种大智慧。“识人”是我们人际交往中的重要一课，观察与你交往的对象是一个什么样的人，不仅决定着我们是否要与之交往下去，还决定着两人交往中的行为以及最终可以达到的交往程度，也就是人际关系的类型。

首先，我们可以从观察对方的动作和表情做起。动作大到一个人的日常行为，小到不经意的小动作，都可以反映出一个人真正的内心所想。观察一个人的行为是否合情合理，是判断一个人内心真实想法的有效依据。

能够帮助我们看透人心的还有一些下意识的小动作。心理学家曾经断言，人们日常做出的各种习惯行为，实际上反映了客观环境与他们个性间的一种特殊的对应变化关系。也就是说，人的一些日常动作由于天长日久已经形成习惯，具有一定的稳定性，又因为动作带有强烈的个人色彩，因此成为我们判断他人内心活动的一种依据。如有些人喜欢双手背在后面，两腿并拢或者自然站立，这样的人一般很少对别人说“不”，因此人际关系比较融洽，易于接近；有些人的头部动作十分频繁，如他人讲话时会不断地“点头”或者“摇头”以表示自己对他人的回应，或者对某件事情看法的肯定或否定，这样的人很会在社交场合表现自己，但是也会常遭到他人的厌恶，引发别人的不愉快情绪，因为经常点头或者摇头的人，自我意识非常强烈，工作也很积极，有时会照顾不到他人的感受，等等。这样的小动作还有很多，我们只要在日常生活中多多观察和总结，就可以掌握。

除了动作，表情所蕴含的内心活动也同样丰富。透过一个人的表情，我们可以窥探一个人心灵的律动和他内心情绪的起伏。在所有的表情中，有一些是通用的并且容易读懂的，如蹙眉皱额表示关怀、关注、不满、愤怒或者为难；双眉上扬、双眼睁大表示惊讶、没有想到；皱鼻表示不高兴、遇到麻烦、不满等；嘴角向上扬、面颊上抬、眉毛舒展、眼睛变小表示高兴；等等。但是表情也会有真假之分，为了不被伪装的表情所欺骗，我们还应该了解人的大脑分工。我们都知道人的大脑分为左右两半球，右脑控制人的情感，反映在左脸上；左脑控制人的理性，反映在右脸上。因此，发生在左脸上的表情大多是真实的，右脸的表情则需要权衡和判断。

其次，我们还可以通过一个人说话时的声音和语速来判断其性格和内心活动。有人曾经说过："人的表情有二，一是呈现在脸上的表情，二是表现在言谈中的表情。"的确如此，在现实生活中，我们通过一个人说话时的语速就可以大致判断出这个人是一个什么样的人。语速快的人，说话像打机关枪，连自己喘气的机会都不给，更别提给别人说话的机会。这样的人说话一般是一口气说到底。这种人的性格比较外向，思维敏捷，应变能力很强，口才不错，属于能说会道型的。这类人非常善于交际，很会迎合别人的心理。但是有的人脾气比较暴躁，容易生气、发怒，遇事武断，听不进别人的建议，是一意孤行的人。语速慢的人，性子慢，即使遇到再急的事情也不会有多大改变。这样的人内心往往比较平静，具有亲和力。为人也多宽厚仁慈，温柔善良，富有同情心，能够关怀和体谅他人。但是他们的思想一般比较保守，对新鲜的事物抱有排斥感，原则性很强，做事情缺乏决断力。

在具体的交往中，我们不仅要根据一个人讲话的速度来判断其性格，还要注意观察其语速的变化，结合当时所处的环境对其内心状态进行判断。例如，一个平时伶牙俐齿、语速快的人突然变得吞吞吐吐、反应迟钝甚至结结巴巴，要么是此时他在压抑自己的情绪，要么是他做了什么隐瞒对方的事情，心虚所致；再如，一个平时说话较快的人，在某公共场合突然放慢了语速，但条理清楚，这时他可能是为了引起别人的注意或者想让别人了解他的观点；又如，一些平时沉默寡言的人突然变得口若悬河，那么他极有可能是在掩饰什么，他内心或许藏了什么秘密，害怕别人知道。但这样的表现同时也说明了这个人涉世未深，因为一个老练的人是不会出现这样明显的失误的。

再次，我们还可以通过一个人的服饰来判断其性格。服饰的心理意义首先表现在色彩上，每个人选择的服装色彩总与个人的性格脱不了关系，如一个性格内向的人除非是特殊场合，否则不太容易选择颜色鲜亮的衣服。一般说来，一个人所钟爱的服装色彩属于什么色系，这个人的性格就偏向什么类型。比如，白色代表纯洁、干净，喜欢白色衣服的人也多是为了给人留下这样一种印象。但是由于白色还具有易搭配的特点，因此白色衣服会带给人一种亲切感。喜欢蓝色、紫色衣服的人性格虽然温和，自尊心也比较强。喜欢黑色衣服的人，多是喜欢黑色的神秘、高贵，这类人通常是不善于交际的人，然而性格大都温柔善良，对人宽容。红色代表热情、张扬，喜欢红色衣服的人多是性格外向，个性张扬，精力旺盛的行动派。他们有着强烈的好奇心和欲望，对自己专注和感兴趣的事情都会投入百分之百的热情，但是由于心直口快，做事不假思索，因此从不考虑别人的感受，造成一些原本可以避免的挫折和冲突。

动作、表情、语速和服饰，这些都是我们在与人交往时最容易看到的方面，因此也成为我们“识人”的首选判断依据。大致知道了“他”是什么样的人，内心状态如何，接下来再进行人际交往，就会变得轻松许多。

第二节 决定成败的细节

“不积跬步，无以至千里。”在人际关系中，一些小细节看似微不足道，但往往是交际发生大变化的前兆。把握得好，便可以不费吹灰之力，取得交际成功、获得良好机遇，用细节上的“四两”去拨动人际关系全局的“千斤”。

在生活中，我们常常会说“细微之处见真情”，在生活的各个环节中，都有体现人们真情的细节，不仅表现在我们自己身上，也表现在对方的身上。注重细节的人在人际交往中往往可以获得更多的尊重和欢迎。因为细节中渗透着很多人心的微妙之处，留意一些不被别人注意的小事，本身就说明了你对对方的重视程度。因此，在人际关系中注意细节，你会收获许多意想不到的好处。

刘某刚上班不久，就赢得了公司班车司机陈师傅的好感，原因仅是刘某一句无意识的称赞。那天是刘某第一天上班，乘坐陈师傅开的班车。当时正值上下班高峰，路上交通拥挤，陈师傅的车却开得稳而不慢。这时，坐在前排的刘某开口赞道：“陈师傅，你在这样的情况下还能开得这么快、这么稳，真不简单，真有办法！”刘某这句衷心的赞美，让陈师傅非常高兴，陈师傅到公司开班车已经两年多了，在这两年多里坐他车的人不少，但是就是没有人注意到他的驾驶技术，陈师傅心中难免失落。

陈师傅的驾驶技术确实非常高超，尤其对在拥挤道路上行驶更是有自己的独到技术，没想到自己的这点得意让一个初来乍到的小伙子发现了，这不免让陈师傅的心情高兴起来。此后，陈师傅逢人就说那个叫刘某的小伙子很不错，刘某的人缘也变得越来越好了。

的确，我们周围的每个人，包括那些地位不高和自卑感很强的人，他们都有自己自豪的地方，这些使他们陶醉的“闪光点”可能非常小，小得只有他本人心里清楚，甚至连他本人也没有注意到，比如，擅长做一道美味的糖醋鱼，擅长折叠各种各样的纸飞机，对民间故事、民俗民谚挺有研究，等等。这些微小的“得意之处”如果有幸被他人发现或者是给予称赞，一定会令他们十分高兴。要知道，从建立好人缘这个角度来说，称赞小小长处比夸奖人人皆知的优点更容易产生良好的效果。

假如有一天有人记住了我们无意中的一句“随意话”，这时的你是不是会感动呢？感动之后，我们对他的态度是否又会发生改变呢？

在人际关系中，这种“随意话”也是大有文章可做的。如果我们在与某人的交往中，适时地提起他以前说过的话，如“你曾经说过……至今我还记忆犹新”。对方一定会因为得到你的重视而高兴万分，认为你是一个细心的人、一个非常关心他人的人。如果你不但记住他人的随意话语，而且还能按照他的随意话去做事情，那效果就更不一样了。

小李刚从老家回来，拿着一大包腌制的香椿送给同单位的老张。看到老张惊讶的表情，小李不以为意地说道：“我刚从老家回来，这不，把以前答应送您的家乡特产给您捎来了。”经小李这么一说，老张恍然想起，半年前两人一起喝酒时，小李曾说过“我们家乡的特产腌香椿，味道棒极了”，而老张当时接着开玩笑说：“既然这样，等你回老家探亲的时候也给我捎一包吧！”实际上，这只是他的一句玩笑话，说完也就忘了。而现在小李还真送来了。老张感动得不得了，从此之后，两人之间的关系更加亲密了。

人际关系就是这样，别看两人已经是朋友，但是如果我们依然能够注意一些细节，会让彼此的关系更加融洽。再者，一些在自己看来很“小”的事情，在对方看来却容易成为一种拒绝或者挑衅的信号，因此在人际关系中要格外注意。这些容易被误会的小信号主要有如下几点：

1. 到对方家里做客时不吃主人给你的水果或者点心。我们大都有过这样的经历：来到一个不是特别熟悉的环境中时，可能是由于客气或者拘谨，不好意思当着对方的面享用食物，实在推辞不过的时候也会接过来，然后放置一旁，不去食用。这种客气虽然是为了减轻主人的招待负担，却辜负了主人的一片盛情。对于招待的主人来说，吃掉他的东西是对其热情款待这份心意的最好肯定，同时也是表示自己亲切随和的一种方式。类似的还有在公共场合碰到朋友招呼一起入座，请吃东西。这种时候，如果我们认为对方是出于真心，不妨坦然地坐下来尽情享用。

2. 听从客人“留步”的客气话。一般我们在送客人出门的时候都会听到对方“留步”之类的客气话。但是请注意这样的话真的只是客气话，因为没有人愿意被主人急切地请出去，尤其是人还未走远，门就“哐当”一声被关上的情形。这样做会给朋友造成一种自己不受欢迎的印象，你们之间的关系很可能在门关闭的那个瞬间随之关闭。对于我们来说，送朋友下楼不仅是一种礼节，还是一种情感的交流。即使是朋友口中再三说“不用送了”，但是如果你能够陪他一起下楼，这种小小的陪伴会一直温暖他回家的漫漫长路。朋友会认为你是一个细心的人，你在他心目中的形象也会变得更加亲和。假如你真的听从了他的客气话，让他一个人孤独地出门，朋友的心里一定不是滋味，对你的印象和彼此的关系都会蒙上一层阴影。不过我们也需注意，如果对方是真的不需要你送，我们也不可过度热情，只需目送对方的身影到看不见处就可以了。

3. 进出不互相告知。在工作中，谁都有暂时离开岗位的时候，你有事要外出一会儿，或者请假不上班，虽然批准请假的是领导，但你最好同办公室里的同事说一声。即使你临时出去半个小时，也要与同事打个招呼。这样，倘若领导或熟人来找，也可以让同事有个交代。互相告知，既是共同工作的需要，也是联络感情的需要，是表达尊重和信任的一种基本方式。即使是我们需要告知的人暂时不在，也可以留下一张留言条，它不仅仅可以告知同事你的去向。

4. 搞错谁的“场子”。“场子”是我们对主人地位的一种表达，比如，今天谁请客，就是谁的“场子”。这虽然是小事，有些人却非常重视。当他是主人的时候，他会想尽办法确定所有的灯光都打在他的身上；但如果是别人的“场子”，他一定非常低调，生怕一不小心抢了别人的风头。搞清是谁的“场子”，才能扮演好自己的角色。如果我们不慎搞错了“场子”，别人做东自己出尽风头，那么也许会让主人非常难堪。

5. 没有把握好“分寸”。工作几年之后，每一个人可能都遇到过这样的问题，觉得是朋友的人，结婚时却没有通知你；觉得不算有交情的人，却给你一颗“红色炸弹”。有时候明明是好心，却被别人误解为疏远。所以，发红白帖给什么样的同事和朋友，成了很多人的烦心事。这些事情简单说来，就是分寸的掌握。与其让别人觉得“我们有这么熟吗”，还不如让别人觉得“拜托，我们哪有这么生疏”；与其让别人觉得“你也未免太不客气了吧”，还不如让别人觉得“你干吗这么客气啊”。除了这类事情，“分寸”其实还表现在人际关系中的很多细枝末节的小事方面：如别人请吃饭时应该点什么价位的菜？什么情况下开玩笑不得罪人？今天的场合该穿什么样的衣服？去参加某个朋友的婚礼，该包多少礼金……

正因为细节都是一些琐碎的小事，因此才容易被人忽略。而做好这些细节则意味着我们的人际关系中包含着更多的温情。如果你的人际关系可以被温情所笼罩，那么它将变得坚不可摧，为了达到这个目标，就让我们从这些微小的细节开始做起吧。

第三节　不让“身份”影响彼此的交往

清代大书法家郑板桥有一副著名的对联，上联是“坐，请坐，请上坐”，下联是“茶，敬茶，敬香茶”，这副对联的背后就是一个和“身份”有关的小故事。

相传，郑板桥喜欢游山玩水，一次路遇一座寺院，看院舍清幽，就想进去拜访一下方丈。方丈出来后，看郑板桥衣着朴素，以为是个“穷秀才”，就淡淡地对郑板桥招呼道：“坐。”并对小和尚喊了句“茶”，让小和尚上茶给郑板桥。几句交谈下来，方丈感到此人谈吐不凡，于是又将郑板桥让到厢房，一边说“请坐”，一边再次吩咐小和尚“敬茶”。坐下之后的郑板桥和方丈一番细谈，方丈才知对面的这位“秀才”竟然是赫赫有名的“扬州八怪”之一郑板桥，方丈顿时觉得非常失礼，忙将郑板桥请到自己清雅洁净的方丈室，连声道“请上坐”，再次吩咐小和尚“敬香茶”。离别之际，方丈想请郑板桥题字留念，郑板桥略一思忖，提下了上文的这副对联：“坐，请坐，请上坐”，“茶，敬茶，敬香茶”。方丈一看，羞愧至极，再次向郑板桥施礼，以示歉意。

“身份”的本义是指某人是谁，是一个什么样的人，如“身份证”“某人的身份”等。但是在古代由于封建家族制的存在，成员的生存资源主要是依据身份及身份之间的关系而配置，如古代皇帝的江山，一般是传给嫡长子，其他子嗣分配到的资源较之嫡长子都有所不及；在大多数封建家庭中，女性分配到的资源也远不及男性；又如《红楼梦》中的林黛玉，因为和贾母（封建家庭的大家长）为外戚关系，因此身份地位就不及像探春之类的嫡亲嫡出孙女。因此，“身份”逐渐演变成一种出身、社会地位的代名词。

“身份”意识已经成为人们潜意识的一种，在支配个体行为时，多半是不自觉的。在外在情境激活其行为取向时，会不自觉地出现对应的行为反应，表现在日常生活中就是一种待人时的“区别对待”。

中国人之所以会在人际交往中根据对方的身份以不同的标准来进行“区别对待”，还和中国人凡事追求“合理”的观念是分不开的。“合理”的观念使得中国人在自己的一言一行中都要把握好分寸，就像上文提到的林黛玉初入贾府一样，轻易不肯多说一句话、多行一步路，因为一个人的分寸也是一个人身份的象征，只有“合理”才符合身份。每当我们遇见一个人时，总是想要先弄清楚对方的身份，然后再根据其身份作出适当的反应，似乎这样才算合理。这种在“合理”观念主导下的人际关系，只要保持好“度”，也无可厚非。

不管是受“身份情结”意识的影响，还是“合理观念”的主导，在人们的日常人际交往中，“身份”都已经成为影响人际关系的一种障碍。身份地位高的人往往自恃身份，不愿意接触那些身份与自己相差很多的人，或者在接触一些身份地位较低的人时表现出一种不平等的交往意识；身份地位较低的人与身份地位高的人交往时，由于存在一种对自己身份的自卑，因此也较多地表现出一种躲避或者遵从的交往心理。这种由于身份地位的差距引起人们对彼此之间关系定位的偏差，很容易影响人们日常的人际关系。

因此，我们要摒弃身份给人际关系带来的影响，首先我们的内心需要树立一个正确的身份观，人的身份是平常还是尊贵，是由一个人的学识、修养、经历、地位不同造就的，这是一种自然的秩序。但是由于社会处在无限的变化和发展之中，我们的交往对象也在发生着改变，因此在现代社会中，尊贵或者说地位是一个相对的概念，不是一成不变的。在日常的人际交往中，每个人都是一个尊贵者，同时也都有自己需要遵从的对象，我们需要做的就是在与不同身份的对象交往时，摆正自己的位置，既不要得意忘形，也不可过分自卑、拘谨。

最后，提出以下两点建议，供大家参考：

第一，与人交往时要主动真诚，表达想要交往的意愿。在交往中主动一些，表现得更加积极，主动表现出友好的姿态，既是对自己交往意愿的表达，也是一种个人修养的体现，符合交际的惯例。与人交往就是这么简单，只要我们心怀敬意，主动真诚，对方也绝不会拒人于千里之外。

第二，与身份地位高的人交往时，要摒弃奉承、不卑不亢，同时也不能抱有其他不良交往目的。摒弃奉承、不卑不亢其实是一个交往态度的问题。虽然两个交往对象之间的身份和地位是有差异的，但是生命本身就是平等的，而奉承一个人从本质上讲也是对他人人格的一种质疑——难道对方不能让你发自内心地尊重吗？我们都知道，每个人在交往的过程中，都渴望得到他人的尊重，无论他的身份地位如何。因此，越是对身份地位高的人，我们越是要发自内心地真诚与之交往，而不能阿谀奉承，也不要低到尘埃里，不尊重自己的人格。换一个角度说，不自尊者是很难赢得他人的尊重的。

不能抱有其他不良的交往目的，指的是我们在与地位较高者交往时，动机必须纯洁。虽然交往的本质是社会交换，我们也的确能在与身份地位高的人交往中获得一定的“好处”——地位尊贵者往往有超越常人的学识、修养、经历或者其他常人所不具有的特质、资源，我们在与之交往的同时也可以受到感染和熏陶，这些就是最大的“好处”。做人是不可以过于贪婪的，因此，那些企图在交往中获得一些不正当的利益、商业机密等的动机都是不能有的，也容易遭人所不齿。因为，越是地位高的人，对这种“别有所求”就越是敏感，越痛恨和提防别人的“利用”。

第四节 “枪打出头鸟”的启示

提起“宫斗”大戏，大家一般不会忘记2011年热播的《甄嬛传》，许多观众甚至将其反复看了多遍。甄嬛被誉为“宫廷版的杜拉拉”，她的生存技巧不仅让职场人士深受启发，对于我们平常的人际交往也同样有很大启发。

甄嬛以秀女的身份入宫，虽有满腹才华，却秉承“女子无才便是德”的古训，将自己的所有才华藏起，然而无意中的一句“嬛嬛一袅楚宫腰”暴露了她深通诗书之才，虽博得皇帝的青眼有加，却招致其他妃嫔的嫉恨，直接导致其宫室被分配到偏远之地。甄嬛似乎也察觉到了自己的失言，再加上初入宫时的所见所闻，她很快醒悟过来，开始称病避宠，以一种置身事外的清醒开启了她的“后宫之路”。直到后来，甄嬛成为整个后宫中地位最高的女人。我们回过头来看一下，假如没有初入宫时的这段“蛰伏”，甄嬛真的能够清醒、理智地走到最后吗？至少她没有机会看清自己身边的人哪些可靠、哪些不可靠，而这些人直接关系到甄嬛日后的生死。所以，我们有理由相信初期的甄嬛就是很聪明的，她是深谙人际交往之道的。

从表面上看，“枪打出头鸟”的启示和“低调做人”的原则是一致的，实则二者的内涵还是有所区别的。“低调做人”是对人内在的一种要求，而“枪打出头鸟”的启示则主要表现在人际交往中，因为所谓“出头鸟”是需要其他“鸟儿”陪衬，才能显示其“出头”的特性。

正如上文所言，虽然我们从小接受这样的教导，但是真正能明白其中精髓的还是少数。表现在日常生活中，就是有些人因过分认同这个道理，所以从不做“出头”之事，成为没个性、没血性的“老好人”；有些人则因为不认同而依旧我行我素。那么，我们究竟该如何看待“枪打出头鸟”这一古训呢？我们需要从人的心理特性出发来看待这个问题。每个人由于身处的环境不同，所受的教化和习俗观念也不同，但是有一点是人类的通性，那就是“自我保存”，这是人类的本能。

古人有句话，叫作“木秀于林，风必摧之”，通俗来讲就是在一片树林中，风来的时候首先遭殃的就是长得高大的、枝繁叶茂的树。同样，出于“自我保存”的本能，人们会对周围的竞争者变得非常敏感。我们可以假设一种情况，比如在一个公司里，原本大家表现得都差不多，彼此相处得也很和谐，这时突然新进来一位同事，表现出明显高于他人的工作水平，让上司对其刮目相看。虽然新进的这位同事的出现并没有影响其他人的工作，但是他的优秀会在无形中给别人施加一种压力，让别人产生一种危机感。这时，人类内心深处的“生存”危机意识就会被唤醒，而对这种处境的不满则直接导致和新进同事之间人际关系的疏远。也就是说，不管一个人在为了达到自己生存目的的过程中采取何种表现手段，于其自身而言都不为过，真正会对人际关系产生影响的，是他的这种表现方式危及周边人的生存。

“优胜劣汰”不仅是自然界的生存法则，也是人类社会的生存法则。我们需要找到低调做人和“优胜劣汰”之间的平衡点。因此，我们既不能抱着“枪打出头鸟”的古训，食古不化地做一个平庸之辈，也不能做一个不顾他人利益的、招人厌烦的“出头鸟”。解决这个矛盾，最好的办法就是我们既要实现自己的价值，又要让他人明白这种价值实现的重要性和必要性。要知道，如果上天已经送了一块馅饼给你，你没有抓住，别指望他还会给你第二块，所以，我们需要抓住任何一个实现自我价值的机会，让别人了解我们，让别人注意我们，但在向他人展示了自己的价值之后，我们必须马上思考，怎么贡献对别人有用的价值，比如我对别人有用吗？我能在哪些地方帮助别人？如果答案是肯定的，我们就要马上付诸实施，让别人看到我们自身价值的利他性，转移他人自我表现的注意力；如果答案是否定的，请尽快调整和提高自己的价值，直到找到有助于自我实现，又可以被他人“利用”的价值平衡点。在这个时候，任何“自私”的、只顾自己的价值实现对于人际关系和自己的人脉都是无益的，也是无效的。不能认识到这一点，你的人际关系经营永远也谈不上成功。

不管是电视剧中的甄嬛，还是现实生活中每一个期待拥有良好人际关系的人，不管是在古代还是在现代，庸庸碌碌都不是一个聪明人的选择。因为社会交往的本质已经决定了一个人如果对于他人没有任何价值和“好处”，除了血缘亲情之外，很难再建立其他亲密的人际关系，这就是现实的社会。“枪打出头鸟”并不是让我们碌碌无为，只是提醒我们要找到正确的自我表现、实现自我价值的方式。

第五节　“舌灿如莲”到“祸从口出”的反转

“舌灿如莲”也即“舌灿莲花”，是指一个人口才好，能言善道，说出的话像莲花般美妙。每个张口说话的人都希望自己能够“舌灿如莲”，因为得体、精辟的语言是人际关系的一种润滑剂，然而在现实生活中，“舌灿如莲”有时候也可能发生反转，变为“祸从口出”。

“舌灿如莲”的典故源自南北朝高僧佛图澄的一段事迹。相传后赵国主石勒在襄国召见佛图澄，想考验他的道行。佛图澄取来钵盂，盛满水，烧香持咒，没多久，钵中竟生出青莲花，光色曜日，令人欣喜。于是，后人便引“舌灿莲花”来比喻说话的文采和美妙。

固然，一个人的语言可以对自我形象起到修饰的作用，通过语言也可以了解一个人的才华和素养，增进彼此之间的了解，如我国古代的一些说客。从某种程度上来讲，一个人的口才决定了一个人的立身成败，对个人的人际关系也有很大影响。然而，时代在发展，环境在变化，我们的生存境遇也发生了很大的改变，“舌灿如莲”有时候一不小心就会成为“祸从口出”。

在人们初次见面的接触中，我们一般都是通过语言来了解对方的性格，对方说话时所使用的词汇以及内容，都与个人性格有关。一个人话语越多，自己暴露的也就越多，这个时候别人很容易掌握你的弱点，会令自身置于不利的境地，因此古人多主张少开口说话，于是就有了“沉默是金”的谚语。“沉默是金”，并不是说沉默就是最好的，而是希望大家不要不加节制、任意发表意见。

人与人在相处的时候，有些人善于表达，有些人不善表达。善于表达的人，也就是我们所说的“舌灿如莲”，一般都有喜欢讲话的嗜好，尤其是在朋友中间。话讲得多就难免有失误之处，再加上对自己口才的得意，有时候容易忽略对方的情绪，变得口不择言。而每个人的情绪都是随时在变的，当心情不好、身体不舒服、有烦恼、心中有所顾虑时，行为表现和理解力都与平时有所不同。在这个时候如果一味地表现自己，很容易招致对方的反感，也容易导致对方的情绪恶化。因此，无论是普通朋友还是亲密朋友，在说话时都需要注意适可而止，视对方的心情而定，这才是真正地尊重对方。

说话时除了要注意对方的心情外，还要注意恰当地使用词汇和礼仪。要注意对于年长者、身份地位高的人或是同辈、同身份、没有利害关系的人，要灵活使用不同的词汇，说话文明，言语谨慎，三思而后言。即使日后越来越亲密，也不可信口开河，尤其是一些粗鲁、低俗的词汇更不可使用。态度要真诚，言辞要恳切，风格始终如一，前后不一致的行为会让对方觉得你不真诚、说话不诚恳，交往就很难继续下去。人是感情的动物，很容易因为环境或立场的改变而动摇，所以话说出口之前一定要谨慎，不要说让自己将来后悔的话。

为了避免从“舌灿如莲”到“祸从口出”的反转，说话时还要注意不要触碰对方的“逆鳞”。我们都知道说话是为了更好地交流，表达自己的想法，而不是为了伤害别人。作为一个有德行的人，有些话自己心里明白就行，不必事事说出口，实在没办法，敷衍一下也就过去了。轻易说话，就容易失言，在无意中伤害别人或者给别人留下攻击自己的口实。有时候，说者无心，听者却有意。这个问题在生活中很常见。

明太祖朱元璋出身寒微，做了皇帝后，自然少不了昔日的许多穷哥们到京城去找他，想借借光。这些人满以为朱元璋会念在老朋友的情分上，给他们封个一官半职，谁知朱元璋对他们大都拒而不见，因为他最忌讳别人揭他当年贫寒不堪的老底，认为那样会有损自己作为皇帝的威严。

相传有位朱元璋儿时的好友，千里迢迢从老家凤阳赶到南京，几经周折总算进了皇宫。一见面，这位老兄便当着文武百官的面大嚷大叫起来：“朱老四，你当了皇帝可真威风呀！你还认得我吗？当年咱俩一块儿偷豆子吃，背着大人用破瓦罐煮。豆还没煮熟你就先抢起来，结果把瓦罐打烂了，豆子撒了一地。你吃得太急了，豆子都卡在了喉咙里，还是我帮你弄出来的……”这位老兄还在喋喋不休唠叨个没完，朱元璋却再也坐不住了，心想此人太不知趣，居然当着文武百官的面讲我当年这些丑事，揭我的短，让我这个皇帝的脸往哪儿搁啊！盛怒之下，朱元璋终于下令把这个穷哥们杀了。

每个人身上都有“逆鳞”存在。这个“逆鳞”可能是缺点，也可能是自卑感，它们虽是一种自然的存在，却不允许别人去触碰。只要碰及他人的逆鳞，我们就会惹祸上身。

古人曾说过：十语九中未必称奇，一语不中则愆尤骈集；十谋九成未必归功，一谋不成则訾议丛兴。君子所以宁默勿躁，宁拙勿巧。也就是说，做人要谨言慎行，因为即使十句话你能说对九句，也未必有人夸赞你，但是只要你说错一句，就会遭到众人的指责；即使十次谋划中你取得了九次成功，也未必得到奖励和赏识，可是其中有一次失败，埋怨和责难之声就会纷纷到来。

所以，作为一个有修养的人，就算我们本身可以“舌灿如莲”，但也需时刻牢记“祸从口出”的古训，三思而后言。这样才能有效避免我们的人际关系受到伤害。

第六节　“话”要听，更要“看”

生活中我们常常会有这样的经历：对方说的话我们明明认真听了呀，但是对方怎么还是一副不太满意的样子，难道我们没有明白对方的意思？这样的现象在生活中有时会被称作不懂看人“眼色”或者没有“眼力见儿”，而一些人也常常因为对方没有“眼力见儿”而心生厌烦，从而影响了良好人际关系的培养。其实，这些所谓的不懂“眼色”或者没有“眼力见儿”，是因为我们只会听话，而没有很好地“看”话。在中国，话从来都不只是用来“听”的，还需要“看”，并且“看”比“听”更重要。

一名出租车司机搭载客人到外地，途中原计划走的大路因为发生车祸遭遇堵车，所以司机没办法，只能改走小路。小路蜿蜒起伏，司机从来没有走过，越走心里越没谱。于是，他便停下来问路旁的一位老先生：“老人家，请问我想去某地，应该怎么走？”老先生悠闲地回答：“鼻子下面长着嘴，轮子下面轧着路，你说该怎么走？”

司机听了后，道了谢，接着往前走。这次他变得信心十足，并且最终在又问几次路后到达了目的地。

乘客很纳闷，下车时问司机：“师傅，您是怎么找到路的啊？那位老人并没有指明啊。”司机解释道：“我们天天在路上跑车，问路的事情其实是经常有的。一般情况下，如果路走错了，对方就会打手势明确地指出来，只有走对了对方才可能调侃。刚才那位老者就是这样，他告诉我‘鼻子下面长着嘴’，是赞赏我问路，并且暗示我后面还需要问路。说‘车轮下面轧着路’，说明现在走的这个方向是正确的。”乘客一听恍然大悟。

“言多必失”，过多的话语会将自己置于危险的境地，因此在说话的时候都比较含蓄，也比较简明。但是作为信息载体的语言如果表达得又少又模糊，对方又怎么才能准确理解呢？这时就需要借助眼睛——“看”。这就是我们成语中所说的“察言观色”。

察言观色是一切人际交往中行之有效的技巧。不会察言观色，等于不知风向便去转动舵柄，稍有不慎小风浪也会让我们翻了船。那么我们应该如何察言观色呢？第一，我们可以凭借对他人话语的敏感，但是这种敏感是因人而异的，如对自己在意的人的话语会比不在意的人更敏感——当然，由于这种判断方式基于人类的直觉，是一种感性认识，有时候也容易受到蒙蔽，因此并不是完全可靠的。第二，我们需要掌握适当的推理和判断技巧。我们常说“言为心声”，一个人的言辞透露出他的品格，而表情、眼神、手势甚至是音调等在不知不觉中也会出卖它们的主人。这些都可以成为我们“察言观色”的重要依据。

比如，当我们在拜访他人的时候，按照常理，双方之间的交谈应该都是全神贯注的，但是如果此时主人一边跟你说话，一边眼往别处看，同时旁边又有人在小声讲话，这就表明刚才你的来访可能打断了主人什么重要的事，他因为心里惦记着这件事，虽然在接待你，却是心不在焉。这时你最明智的做法是打住，简明扼要地说完自己的事情，起身告辞："您一定很忙。我就不打扰了，过两天我再来听回音吧！"你走了，主人心里对你既有感激，也有内疚："因为自己的事，没好好接待人家。"这样，他会努力完成你的托付，以此来补偿。因此一般情况下，当我们在与主人交谈过程中突然响起门铃、电话铃声时，应该主动中止交谈，请主人接待来人，接听电话，不能听而不闻，滔滔不绝地说下去，使主人感到左右为难。

再如，我们托某人办某事，在去探听进展的过程中，看到对方面带疲惫与内疚时，表明他人可能已经尽力，但是事情的进度依然很慢，还没有完成。这时我们的心中虽然很着急，却不能将催促的话说出口，而是应将之转化为感谢，充分肯定对方为你作出的努力，然后再告之以目前的处境，以求得对方的理解和同情。这时，对方就会意识到虽然费时费心，却还没有真正解决问题，产生了好人做到底的决心，进一步为你奔走。

还有，当我们人在职场时，上司的一举一动、一颦一笑甚至比语言能传达出更多的信息。上司说话时不抬头、不看人，这是一种不祥的征兆：轻视下属，认为此人无能。上司从上往下看人，这是一种优越感的表现——好支配人、高傲自负。上司久久地盯住下属看——他在等待更多的信息，他对下属的印象尚不完整。上司友好坦率地看着下属，有时对下属眨眼睛——下属很有能力，深得上司喜爱。上司的目光锐利，表情不变，似利剑般要把下属凿穿，这是一种权力、冷漠无情和优越感的流露，同时也在向下属示意：你别想欺骗我，我能看透你的心思。上司偶尔往上扫一眼，与下属的目光相遇后又向下看，如果多次这样做，可以肯定上司对这位下属还吃不准。上司双手合掌，从上往下压，身体起平衡作用，该动作表示内心和缓、平静；双手叉腰，肘弯向外撑，这是喜欢命令别人的一种传统身体语言，往往是在碰到具体的使用权力问题时所做的姿势。上司坐在椅子上，将身体往后靠，双手放到脑后，双肘向外撑开，这固然说明他此时很轻松，但很可能也是自负的意思。食指伸出，指向对方，这是赤裸裸的优越感和好斗的表现。双手放在身后互握，这也是一种优越感的表现。上司拍拍下属的肩膀，表示对下属的承认和赏识，但只有从侧面拍才表示真正承认和赏识。如果从正面或上面拍，则表示小看下属或显示权力。把手捏成拳头，不仅要吓唬别人，也表示要维护自己的观点，倘用拳头敲桌子，那干脆就是企图不让人说话。

像这种有助于我们看明白他人意图的身体语言信息还有很多，不仅是你的上司，还有家人、朋友、同事，甚至是陌生人之间我们也同样可以适用。总而言之，每种语言背后都承载着它独特的个性，可能是一种文化，也可能是个人一时的情绪，我们要做一个好的接收者，就必须学会“听音看话”。只有这样，才能使语言交流和人际沟通真正成为我们人际关系的润滑剂，收获一份属于自己的良性人际关系。

CHAPTER 05

第五章

语言在人际关系中的运用

俗话说：“良语一句三冬暖。”语言作为维系人际交往的纽带，在人际关系中发挥着巨大的作用。所谓“良语”不仅会温暖人们彼此的心灵，使沟通更加有效，同时也润滑了人们之间的关系，是形成良好人际关系的必要条件。

第一节 赞美是最好的开场白

赞美他人，是我们在日常沟通中常常碰到的情况。要建立良好的人际关系，恰当地赞美别人是必不可少的。事实上，我们每个人都希望自己能够得到别人的认可。然而，在现实中能够充分理解、认可别人的人并不多。因此，这种难得的赞美就更加被人们所需要、重视、感激。

赞美别人，其实是非常容易做到的事情，它非但对自己没有损害，还可以给自己带来很多好处。在人际交往中要养成赞美他人的习惯，首先我们必须肯定每个人身上都有自己的优点，哪怕是一个看来一无是处的人。我们要善于发现他人的闪光点。赞美还是一种人们普遍不会拒绝的行为，每个人都会难以拒绝他人真诚的赞美。

有一则关于赞美的笑话非常有名。话说古时有一个说客，当众夸口说："小人虽不才，但极能奉承。平生有一愿，要将1000顶高帽子戴给我最先遇到的1000个人，现在已送出了999顶，只剩下最后1顶了。"一位长者听后摇头说道："我偏不信，你那最后一顶高帽用什么方法也戴不到我的头上。"说客一听，忙拱手道："先生说得极是，不才从南到北，闯了大半辈子，但像先生这样秉性刚直、不喜奉承的人，委实没有！”长者顿时手捋胡须，扬扬自得地说道：“你真算得上是了解我的人啊。”听了这话，那位说客立即哈哈大笑：“恭喜恭喜，我这最后一顶帽子刚刚已经送给先生你了。”

这虽然只是一则笑话，却有深刻的寓意。故事中的说客是机智的，他抓住了人们无法拒绝赞美的心理。赞美之所以让人无法拒绝，最重要的原因在于赞美他人能够满足他人的自我肯定需要。马斯洛需要层次理论认为，每个人在满足了温饱、安全等低层次的需要后，会转而寻求尊重和自我实现等高层次的心理需要，这是人类的本性。因此，如果我们可以恰当地赞美一个人，那么任何一个被赞美的对象都会变得更加愉悦、通情达理，也更乐于与我们合作。

然而，赞美不等于奉承，要让赞美发挥出它的最大力量，还需掌握一些赞美他人的技巧。“开口乱赞”，结果只会适得其反。

首先，赞美他人必须真诚。每个人都希望对方真心诚意，真诚是人际交往中最重要的尺度。英国社会关系学博士卡斯利曾说过：“大多数人选择朋友都是以对方是否出于真诚而决定的。”如果你与人交往不是真心诚意，那么要与他人建立良好的人际关系是不可能的。赞美他人也是如此，如果你的赞美不是出于真心，对方就不会接受这种赞美，甚至会怀疑你的意图。因为人性中存在一个基本的原则：“无功不受禄。”如果你毫无根据地赞美一个人，不仅会让人觉得费解、莫名其妙，甚至还会让人觉得你油嘴滑舌，有所企图，进而对你产生提防之心。所以在赞美他人时，为避免引起类似误会，你必须确认你所赞美的人“确有其事”，并且要有充分的理由去赞美他。比如，一位你所熟悉的美貌女士，你可以对她说：“你真美。”这样她可能会感激你对她的赞美。但如果你对一位其貌不扬的女士说这句话，则可能会引起她的反感。同样，具体的赞美一般只发生在认识的熟人之间，如果是陌生人，对方则有充足的理由去怀疑你：我们素不相识，你为什么要赞美我呢？

其次，赞美他人要具体。赞美越具体明确，其有效性就越强。含糊其词的赞扬不仅会引起混乱，还会造成一些误会。因为没有明确的评价原因，常使人觉得不可接受，并怀疑你的辨别力和鉴赏力——但是具体的赞美因有所指，会让人听起来觉得更加真诚友好。比如，我们赞美一位女士漂亮，就不如赞美她今天穿的裙子很漂亮，这两种赞美虽然是一个含义，但后者因为有具体所指，反而更容易让人觉得真实可信。换个角度来讲，这种赞美也可以称作“慎重赞美”。也就是不要随便将赞美的话宣之于口，而是要有感而发，这样的赞美才是真诚的赞美。

西方有句谚语：“每天早晨大夸你的朋友，还不如诅咒他。”培根也说过：“即使是好心的赞美，也必须恰如其分。”所谓恰如其分，就是要避免空泛、含混、夸大，而要具体、确切。我们赞扬别人时不一定非要是一件大事才行，一些很小的优点或者是长处，只要能够赞美得恰当，同样可以产生良好的效果。比如，我们与一位经济分析师见了面，如果我们不懂他的专业，我们也可以赞美他的其他一些不容易被别人发现的小优点，如他今天的领带选得很恰当，与西服相得益彰等。因为有时候我们对一些显而易见的优点进行赞美时，别人反倒会误以为是奉承。而对一些不突出的优点的赞美则会让人更加兴奋不已。所以当你要赞美一个人时，就要尽量找他身上具体、明晰的优点和长处，如果实在找不出，赞美对方的爱人或孩子也是很不错的一个选择。

再次，赞美不一定要刻意，“无意”的赞美效果更好。无意的赞美往往因为不是有意说给被赞美者听的，因此在人们看来更是出于内心，不带功利动机的。就像《红楼梦》中贾宝玉对林黛玉的赞美：有一次贾宝玉因为史湘云、薛宝钗劝他去做官从政，便对史湘云和袭人赞美林黛玉道：“林姑娘从来说过这些混账话吗？要是她也说这些混账话，我早和她生分了。”碰巧黛玉这时刚好来到窗外，无意听见，使她“不觉又惊又喜、又悲又叹”。从此她和宝玉的关系更进一层。因为在林黛玉看来，宝玉在湘云、宝钗和自己三人中只赞美自己，而且不知道自己会听到，这种赞美是很难得的、发自肺腑的。

复次，要把握好赞美的频率。无数事实证明，在特定时间内，一个人赞美他人的次数，尤其是赞美同一个人的次数越多，其作用力也就越低。因为如果你太频繁地赞美别人，别人对你的赞美就觉得无所谓了，甚至还会认为你是一个以虚誉钓人的献媚者。在这种情况下，你赞美别人一次，别人就会增加一分对你的警惕和反感。所以我们应该记住，人们需要赞美，但千万不要轻易赞美。

美国心理学家的一项研究表明：人们总是喜欢那些对自己的赞美一直不断增加的人，并且对自始至终都赞美自己的人和由最初贬低自己逐渐发展到赞美的人，尤其喜欢后者。因为相对来说，前者容易让人认为他是一个“老好人”；而对于后者，因为赞美来之不易，并且因为前面“说自己不好”的经历也证明对方并非人云亦云，而是有自己的判断力。这样的人对自己的赞美显然是更加可贵的。

最后，善用间接赞美，做“赞美”的传递者。所谓的间接赞美就是借第三方的话来赞美对方，这样比直接赞美的效果往往要好得多。比如，你见到某甲，对他说："前两天我和某乙谈起你，他对你推崇极了。"无论事实是否真的如此，某甲是绝对不会去调查的，但他对你的感激肯定会超乎你的想象，如果碰巧某乙又是某甲平时很敬重的人，那么他对你的感激就会更深。间接赞美的好处在于让更多的赞美者加入赞美的活动之中，这意味着被赞美者得到了更多人的认可与尊重，因此效果也会优于直接赞美。

总之，赞美是对人们心理需要的满足，也是尊敬对方的一种体现。恰当地赞美别人，不仅给人以心理的舒适感，同时也会改善我们的人际关系。所以在人际交往中，我们必须善用赞美，将赞美作为我们与人沟通的开场白，同时还要注意恰当地、慎重地去赞美他人。

第二节　虚实有度，避免话语伤人

如果有人问你这个问题：你喜欢听实话还是虚话？大部分人都会毫不犹豫地回答：当然是实话。然而在现实生活中，面对一些大实话，我们在心理上却有受到伤害的感觉。尽管古人常言："良药苦口利于病，忠言逆耳利于行。"但是药如果因太苦无法入口，话因为太实而无法入耳，又如何能够利于病、利于行呢？

虚话也一样，我们常说真诚是人与人之间交往的第一原则，面对一个"满嘴跑火车"的人，我们又该如何判断他的真诚呢？因此，实话也好，虚话也罢，都会对我们的人际关系产生影响。

虚话不像实话一样切中要害，避免了对人利益和自尊心的伤害，但是如果太虚，则不利于人际关系的拉近。人们之所以会说虚话，是因为彼此之间的戒备心理很强，如果一直这样下去，大家永远也不会交心。因此，要想用语言来为我们的人际关系增辉，最好的做法就是掌握好说话的尺度，做到虚实有度，这样不仅能够避免伤害别人，而且也因顾全了对方的面子而增加了彼此之间的好感。

约翰·卡尔文·柯立芝是一位非常受美国民众喜欢的总统，他对周围的人总是非常和善，也很注重讲话的艺术。他曾经有一位女秘书，长得非常漂亮，但是工作常出差错。总统本可以直接批评这位秘书，却没有这样做。一天早晨，柯立芝总统看到他的女秘书又像往常一样走进了办公室，他发现女秘书穿了一条非常漂亮的裙子，于是对她说："今天你穿的衣服可真漂亮，正适合你这样年轻漂亮的小姐。"女秘书听后，有种受宠若惊的感觉。柯立芝总统接着说道："漂亮的小姐，我相信你处理公文也能和你一样漂亮。"果然，从那天起，女秘书处理公文就很少出错了。有位朋友听说这件事后，好奇地问柯立芝总统："这个方法很妙，你是怎么想出来的呢？"柯立芝说："很简单，你看到过理发师给人刮胡子吗？他总会先给人涂上肥皂水，这是为什么呢？就是为了刮起来不让人感觉到疼。"

"刮起来不让人感觉到疼"，这个道理非常妙，也道出了我们说话时的尺度。不管是实话还是虚话，最重要的就是不要让他人的心灵受到伤害。虚话虽然从表面上可以达到这个目的，但是时间长了还是会对人造成伤害，所以我们更有必要做到“虚实有度”。关于如何做到“虚实有度”，这里有一种很好的技巧，我们可以借鉴下，那就是“实话虚说”。

实话虚说，这不仅是现实中常见的做法，而且绝对是一种社会需要。通过上文的论述我们明白，这里所提倡的虚说，绝非指说谎，只不过是表达实际的内容不用实说的方式。

虚说虽然表达不够准确，有时甚至会造成麻烦，但更多的时候还是要比实说易于被人接受。为此，是否懂得实话虚说，往往也成了一个人有没有“教养”，是不是“成熟”的标志。如胖瘦本是人的自然形态，但在如今“文明”人群的对话中，只要是当事人在场，几乎就听不到这俩字：女人瘦的称苗条，胖的就是珠圆玉润；如果在短期内变化明显，前者可以称之为“清减”，后者可以说“发福”；在一个身材矮小的人面前，形容另一个与他个头相似的人，可以说那个人跟你一样高，但不能说跟你一样矮。虽然意思都一样，并且后者可能更真实，但是听起来也更刺耳。如此，为了减少不必要的麻烦，最好虚化。

实话虚说，基本上还是实话，只是说得不够精确，或者说得含糊。大多数时候使用这种方式都会取得不错的效果——既没有撒谎，同时也避免了得罪别人。说话如此，人生也是如此。虚虚实实，我们要掂量着说，掂量着过。

第三节　委婉——中国式话语的妙处

委婉即在讲话时不直陈本意，而是用委婉之词加以烘托或暗示，让人思而得之，而且越揣摩，似乎含义越深越多，因而也就越有吸引力和感染力，避免了因直率而损伤他人的颜面。因此，委婉成为一种人际交往中常用的说话方式。

委婉与做人正直、直率并不矛盾。做人固然要正直、直率，但并不意味着说话都要直言，因为不适当的直言如同反面说话一样，是一种消极和否定的语言暗示，不是使人抵触、反感，就是使人顾虑重重，增加心理压力，而恰当得体地委婉说话则意味着一种积极的语言暗示。

例如，医生给人看病，遇到病情较严重而又诊治不及时的病人，如果直言道："你怎么这么瘦！脸色也很难看！""你知道你的病已经到了什么地步了吗？""哎呀！你是怎么搞的？你这个病为什么不早点来看呢！"这些说法病人听到耳朵里会产生什么样的联想呢？估计没病也要被吓出病了，这就是有话直说的消极之处；相反，如果医生说："幸好你及时来看病，只要你按时吃药，多注意休息，放下思想包袱，相信你很快就会好起来的。"这将给病人很大的鼓舞。

又如，夫妻关系中，妻子买了一条新裙子，征求丈夫的意见，丈夫觉得妻子买的裙子过于鲜艳，不符合她的年龄和气质，如果丈夫不懂得尊重、体贴妻子的心情，就会直露地批评说："你看你的审美观可真成问题，一把年纪了还穿这么鲜艳的衣服，哪里好看了？"这样生硬、贬损的话必定会伤害妻子的自尊心。但是如果丈夫换一种说法，尊重、体谅妻子的心情，就会把否定的意见说得委婉、得体，给予暗示：“不错，颜色真鲜艳，是给女儿买的吗？女儿一定会喜欢。”这样既暗示了妻子穿这条裙子不合适，又避免了直白话的生硬给妻子自尊心造成伤害。

道理虽然很简单，做起来却非常不容易。日常生活中还经常出现这样的情况：你去拜访朋友，主人热情地拿出水果、零食招待你，而你却直言说“不吃，不吃，我从来不吃零食的，再说我刚吃完饭，肚子饱得很，还没有胃口吃这些东西”。虽然这样说的初衷是直陈实情，避免主人张罗之类，但是话一出口，不仅让人觉得扫兴，而且还会伤了主人的自尊心，好像人家的招待不周到一样。明智的做法应该是体谅主人的一片热情和好意，委婉地说：“谢谢，谢谢！多新鲜的水果，多甜的糖，真想吃上一块儿，只可惜我刚吃完饭，要辜负您的盛情了，太遗憾了！”所以，只要我们在日常生活中多注意自己的说话方式，还是可以避免一些因言语不当引起的不必要误会和不愉快的。

英国思想家培根曾说过：“交谈时的含蓄与得体，比口若悬河更可贵。”委婉的话语就具备了含蓄与得体的特征。含蓄、委婉的话语往往具有更佳的表达效果。巴西的贝利素有“世界球王”之称，他在绿茵场上的超凡球技不仅令万千观众心醉，而且常使场上对手叫绝。他不知踢过多少好球，当他创造进球数满一千个的记录后，有人问他：“你哪个球踢得最好？”贝利笑笑回答：“下一个。”巴黎的埃菲尔铁塔，举世闻名，而他的设计者埃菲尔曾经一度鲜为人知，他曾用一句微妙的俏皮话表达自己难以形容的心情：“我真嫉妒铁塔。”一句婉言，胜过了千言万语。

居里夫人一次过生日时，丈夫彼埃尔用一年的积蓄给她买了一件名贵的大衣。当她看到丈夫手中的大衣时，爱怨交集，她既感激丈夫对自己的爱，又觉得丈夫不该买这样贵重的礼物，因为那时实验正缺经费。她婉言说道："亲爱的，谢谢你！谢谢你！这件大衣确实是谁见了都会喜爱的，但是我要说，幸福是重在内涵的，比如说，你送我一束鲜花祝贺生日，对我来说也很好。只要我们永远一起生活、战斗，这比你送我任何贵重礼物都要珍贵。"这一席话使丈夫认识到花那么多钱买礼物的确欠妥当，从此更加爱自己的妻子。

委婉还是说话办事时的一种"缓冲"方法。委婉语能使本来也许是困难的交往，变得顺利起来，让听者在比较舒适的氛围中接收信息。因此，有人称"委婉"是沟通中的"软化"艺术，如巧用语气助词，把"你这样做不好"改成"你这样做不好吧"；灵活使用否定词，把"我认为你不对"改成"我不认为你是对的"；还可以用和缓的推托，如把"我不同意"改成"目前，恐怕很难办到"。这些都可以产生"软化"语言、润滑沟通的效果。

委婉说话的效果虽好，但在使用时必须和晦涩区别开。虽然二者从表面上看，都可以起到掩饰语言真正意思的作用，但是前者是为了避开对人们面子的伤害，而后者则会造成理解上的困难。无论话语怎么委婉，我们都不能忽略说话的目的是让人听懂，如果一味追求表达上的深奥、晦涩，则容易使他人"丈二和尚摸不着头脑"，甚至造成误解，影响表达效果；要使委婉语发挥应有的作用，还要练就随机应变的本领，这样才会使你的语言"得心应口"，富有新意。

具体来说，我们可以借鉴以下几种形式来委婉地表达想说的话：

第一，讳饰式委婉法。讳饰式委婉法是指用委婉的词语表示不便直说或避免使人感到难堪的方法。如在中国北方，老人过世了，会以“老了”讳饰；生活中对跛脚老人，改说“您老腿脚不利索”；对耳聋的人，改说“耳背”；对妇女怀孕说“有喜”。总之，在语言交流中讲究讳饰，也就是“矮子面前不说矬话”，而不是“哪壶不开提哪壶”。

有时，即使动机是好的，但如果语言不加讳饰，也容易招人反感。比如，一次坐车时，售票员呼吁大家给一位孕妇让座时喊道：“请哪位同志给这位‘大肚子’让个座位？”话毕，尽管有人让出了座位，孕妇却没有坐，因为“大肚子”这个称呼，让她觉得很难堪。如果把这句话换成：“请哪位热心人给这位‘准妈妈’让个座位？”那么我们相信当有人让出座位时，这位孕妇一定会欣喜地向售票员和让座的人表示感谢，并愉快地坐下。

第二，借用式委婉法。借用式委婉法是借用一事物或他事物的特征来代替对实质问题直接回答的方法。

第三，曲语式委婉法。曲语式委婉法是用曲折含蓄的语言和商洽的语气表达自己看法的方法。曲语式委婉法比直接表达更有力，正所谓利舌胜利剑。

总而言之，委婉说话不仅是一种策略，也是一门艺术。作为一个现代人，应当有意识地掌握这一有利于人际关系发展的语言表达方式。

第四节 说话，要给自己留有余地

给气球充过气的人都知道这样一个道理：充气不能太满，要留有空间，否则容易爆炸。说话做事也一样，要给自己留有空间，否则如果有“意外”发生，则无法转身。说话留有空间、留有余地，也是处理好人际关系的一种策略。

古希腊神话里有这样一个传说：太阳神阿波罗的儿子法厄同驾着装饰豪华的太阳车横冲直撞，恣意驰骋。当他来到一处悬崖峭壁上时，恰好与月亮车相遇。月亮车正欲掉头退回时，法厄同倚仗太阳车辕粗力大的优势，一直逼到月亮车的尾部，不给对方留下一点回旋的余地。

正当法厄同看着难以自保的月亮车幸灾乐祸时，他自己的太阳车也走到了绝路，连掉转车头的余地都没有。向前进一步是危险，向后退一步是灾难，终于万般无奈下葬身火海。

这个故事告诉我们一个道理：遇事要留有余地，不可把事情做绝。说话和做事一样，留有余地，才可以进退自如。不留余地，就等于不给自己留退路。在万事皆有可能的现代社会，“要么成功，要么失败”的简单逻辑已经不再适用。因为有时失败需要付出的代价是我们无法承受的，与其如此和自己较劲，还不如多用一些“是……不过……如果……”之类的说话方式，来给自己留下进退自如的空间。

我们常说：“三十年河东，三十年河西。”人生一世，千万不能使自己的思维和言行沿着某一固定的方向发展，直到极端，而应在发展过程中冷静地认识、判断各种可能发生的状况，以便能有足够的回旋余地来采取机动灵活的应对措施。

曾经有一个同事，因在单位里与另一个同事产生了一点摩擦，很不愉快。一怒之下，他就对那个同事说："从今以后，我们之间一刀两断，彼此毫无瓜葛！"

这句话说完不到三个月，他的同事成了他的上司。因讲了过重的话，他很尴尬，只好辞职另谋他就。

这样的故事在生活中不胜枚举，也让我们明白了一个道理：即使是与人交恶，也不要口出恶言，更不要说出"情断义绝""势不两立"之类过激的话——除非有深仇大恨。不管谁对谁错，最好都闭口不言，以便他日狭路相逢，还有个说话的"面子"。

那么，我们在日常生活中，要如何说话才能给自己"留余地"呢？

第一，话不要说过了头，违背常情常理。事物都有自己存在的道理，人事也有自己存在的情理。说话时，如果违背了常情常理，就会给别人留下口实。因此，在谈话时，要记住话不要说过了头，违背常情常理。

列车上有两名推销员在对同一商品进行推销，他们推销的都是一种新型的螺旋状袜子。为了表明这种袜子耐穿、透气性好，第一位推销员随手拿起一只袜子，对一名乘客说："来帮帮忙，拿住袜子一端，使劲儿拉。"说着，他就和这位顾客对拉起来，袜子的韧性的确很好；然后他又随手拿起一根长长的针，在拉得绷直的袜子上来回划动，袜子也没有损伤；紧接着他又拿起打火机，在袜子下面轻快晃动，火苗穿过袜子，而袜子也未受到损伤。这一番表演让顾客心中非常好奇。在他一番介绍之后，袜子在顾客手中传看着。一位顾客有意地拿起针，只是一划，就在袜子上划了一个洞——原来这种袜子只有顺着纹理划才不易划破，而不是划不破；另一位顾客也要拿打火机烧，推销员急忙制止了。最后大家虽然也认可了这种袜子的质量不错，却因为推销员自己的行为而顾虑重重。

另一位推销员的介绍则显得相对简单。他也是一边说一边演示，但是同时对大家好奇的现象进行了科学的解释："我这样做只是为了证明它的透气性好，但它并不是穿不破，要知道就是钢也会磨损的。"之后，推销员又从价格方面为乘客进行了讲解，销售效果明显好于前一位推销员。

第二，话不要说得太绝对。人们在日常考虑问题的时候都会进行一种相对的假设，因此对于绝对的东西，心理上会产生一种排斥感。与其如此，我们还不如说"事实就是这个样子"。

在一些自己都没有完全弄清楚且仅代表自己看法的事情上，我们就更不能使用过于绝对的字眼，因为这样容易让别人产生一种怀疑，或是让别人认为我们是那种"以自我为中心"的人，这样做会引起他人的反感。与其给别人一个挑刺的借口，还不如把话说得宽泛一点。因为只要我们不把话说得绝对，我们就可以在更为广阔的空间里与对方周旋。

第三，话说得圆润些，也可以为自己留下回转的余地。当我们为了某个目的与他人谈话时，话说得太直，不仅会惹恼对方，而且还可能将自己置于尴尬之地。因此，话说得圆润一点，能给我们留下一定的回旋余地，以便更加从容地达到我们谈话的目的。

某家旅店的服务员，发现房客何夫人前一天晚上已经结了账，可今天仍然住在房间里，而这位何夫人又是经理的好友。怎么办呢？如果直接去问何夫人何时离开，显得不礼貌，但如果不问，又怕何夫人赖账。大家商量决定由善于沟通的公关部李小姐去和何夫人谈谈。

李小姐敲开了何夫人的房门，说："您好！您是何夫人吗？"

"是啊。您是谁？"何夫人回答说。

"我是公关部的，您来几天了，我们还没有来得及来看您，真是不好意思。听说您前几天身上不舒服，现在好点了吗？"

"谢谢您的关心，好多了。"

"听说您昨天已经结账，今天没有走成，这几天天气不好，是不是飞机取消了？您看我们能为您做点什么？"

"非常感谢！昨晚结账是因为我的朋友今天要返回，我不想账积得太多，先结一次也好。大夫说，我的病还需要观察一段时间。"

"何夫人，您不要客气，有什么事只管吩咐好了。"

"谢谢！有事我一定找你们。"

李小姐去找何夫人谈话，目的是要弄清楚何夫人到底走还是不走。如果不走，就要弄清楚原因。但这个问题不好开口，弄不好既得罪何夫人，又得罪经理。李小姐的话就说得非常圆润，先是寒暄一下，然后又问何夫人需要什么帮助，一副非常关心的样子，从而使何夫人深受感动，自然说明了原因。李小姐沟通技巧高超，回旋的余地很大。即便是发生什么误会，也能有足够的空间来机动灵活地化解。

综上，我们不难看出人生最大的智慧莫过于给自己留点余地。话说得富有弹性，做事有分寸，凡事都有个灵活的安排，让进退的空间变得更大，如果能做到这点，不仅我们自己不会为沉重的负担压得喘不过气，同时别人也会因为你的缓和、婉转的沟通交往方式而感受到轻松愉悦。留点余地，我们才能够营造和谐的人际氛围。

第五节　分清环境，说对话

生活在社会中的人，总是处于一定的时间、一定的地点和一定的条件下，因此说出的话也总是多种多样的。同样的话在不同的环境中会产生不同的效果，于是就有了“会说话的人”和“不会说话的人”。其实，所谓的“会说话”“不会说话”就在于是否根据环境的不同变化，说对了话。

老王是一位早年毕业于某高等院校中文系、勤勤恳恳工作了几十年的老教师，今年退休。为此，学校为他和老李—— 一位曾多次荣获过“先进”的退休老同志，一起举办了欢送会。

在欢送会上，学校的领导对他们二人的工作和为人进行了热情洋溢而又充满肯定的赞扬，而相比之下，领导们对老李的美誉显得稍多些。

轮到老王和老李致答谢词时，他们分别对大家的赞誉和肯定表示了深情的感谢，令其他与会同志都十分动容，会场中充满了温暖和谐的气氛。本来，答谢可以到此为止了。岂料老王却因老李的“先进”引发了诸多感触，继续说了起来：“说到先进，我很遗憾，从教多年，竟然从来没有得过一次……”话犹未毕，坐在他对面的一位平日与他相处不是很融洽的青年教师突然抢了话头：“不，那是我们不好，不是你不配当先进，是怪我们没有提你的名。”

青年教师的话中带着一种不肯饶人而又让人难堪的“刺”，老王被“刺”出了一股感伤的情绪，一时间会场陷入了一种沉重的尴尬气氛中。一位校领导见势不对，马上接过话茬儿，想把气氛缓和一下。照理说，他应避开“先进”这个敏感的话题，转而谈论其他问题。然而，为了解开老王心里的疙瘩，这位领导开始反反复复劝慰老王，叫他对“先进”的问题不要太在意，说没有评过先进，并不等于不够先进，先进不仅在名义，更要看事实。如此等等一席话，把本应避而不谈的话题进行了重复和引申，使本已尴尬的局面显得更为尴尬了。

我们姑且把它称为“不会说话的故事”，在这个故事中，说话的主要有三个人：老王、青年教师和劝和的领导。他们的身上都或多或少地存在着说话的不妥之处。

首先，不会说话的是老王。老王的感伤来源于和老李的“比照”，我们常说一句话：“人比人，气死人。”退休欢送会本是一个让人高兴的场合，在这种场合下大家所说的往往都是一些富有情感而又十分得体的人情话和好话。对于这种充满人情味的好话，听话者要善于倾听、善于应答，大可不必拿别人的长处来衡量自己的短处，从而引起自己的不快，也造成对方的尴尬。

其次，不会说话的是那位青年教师。平时本就关系不够融洽，现在人家都要退休了，还在别人的失意之处火上浇油。与人相处，难免会发生这样或那样的不和谐。老王已经退休，即便是因为老先生平时不善为人处事而与自己伤了和气，然而在欢送会这种场合，趁别人一时失言，抓住不放，图一时之痛快而说出那些不合人情的刻薄话，不仅伤对方的心，还会让其他在场的人看到他为人的狭隘之处以及说话不分场合的毛病，有损自己的形象。因为在这种场合，无论大家平时关系如何，既然是“欢送会”，还是要在“欢”字上多考虑一些，“欢送欢送”，“欢”而“送”之，要尽可能多留一点美好的回忆给人家。

最后，那位领导也不会说话。虽然这位领导的表现原则上还不错——在会场一时出现了某种始料未及、令人尴尬的局面时，他没有直接批评那位言之有失的青年教师，而是竭力肯定老王的贡献，这种随机应变的意识以及立即出面解决问题的态度，还有顾全大局的风格，都是值得肯定的。然而，在劝慰人的话题和言语技巧方面，他显得还不够成熟。照理说，在这种场合，他应竭力避开“先进”这个敏感话题，巧妙地把话题岔开，使欢送会的气氛由暂时的尴尬而重新转向欢快，并顺势掀起新的高潮。但是他在敏感话题上唠叨不休。不仅没有劝慰老王，也没能扭转大家都感到尴尬、扫兴的局面。

以上三人的教训，综合起来可以总结为一句话：说话要注意场合，分清环境。不看场合，随心所欲，信口开河，想到什么说什么，这是

“不会说话的人”的一种拙劣表现。尤其是人在职场，如果不会说话，不仅容易伤害别人，同时也很容易惹祸上身。任何人在任何场合说话，都要注意自己周围的环境，学会看场合。那么，平时说话该如何看场合呢？

第一，分清自己人场合与外人场合：我国传统文化一向是重视内外有别的。对自己人“关起门来谈话”，可以无话不谈，甚至可以说些放肆的话，什么事都好办。而对外人，应该遵循“逢人只说三分话，不可全抛一片心”的原则。

第二，分清正式场合与非正式场合：在正式场合，说话应严肃认真，事先要有所准备，不能乱扯一通。在非正式场合，便可随便一些，像聊家常一样，便于感情交流，谈深谈透。

第三，分清喜庆场合与悲痛场合：说话要与气氛相协调，一定要分清喜庆场合和悲痛场合。别人办喜事时，千万不要说悲伤的话；在人家悲痛时，说逗乐的话就是犯大忌。

第四，分清适宜多说的场合与应该少说的场合：对方很忙，时间很紧，你跟他说话就得简明扼要。如果对方既有心情又有时间，不妨在一起多聊聊。

除了注意场合，弄清楚哪些话该说、哪些话不该说也很重要，只有弄明白了这些，才能把话说对、说好。我们将日常生活中经常要说的话分为以下五种，它们每一种都有自己可以出现的场合和不能出现的场合，我们讲话时需要注意准确把握。

第一，真话。讲真话最难。如果一个人说自己只讲真话，他一定是骗子；相反一个人如果从来不讲真话，他一定是神仙。因为即使是骗子也不可能从来不讲真话。讲真话要看时间、地点、对象，讲假话是一门技术，讲真话就是一门艺术，真话若讲好了，能让你飞黄腾达，但若讲错了，便会让自己万劫不复。

第二，套话。所谓套话也就是通用的话，放之四海皆准的话。套话没有什么指向性，用在谁身上都皆大欢喜。

第三，空话。空话就是说了等于没说的话，但是有时候还不得不讲。空话说出来，虽然没有实质性的作用，但是大家都圆了面子。并且空话很多时候还有另外一个作用，就是表达了一个人的决心。空话虽是说了不用做的话，但是可以体现你的态度和决心，决心越大，态度越正，空话越响。

第四，反话。反话有时候可以产生比正话更好的效果，如某人给领导提民主评议意见，说领导不善于团结女同志——这不是说领导作风正派嘛！这种情况下如果直接说正话，反倒让人觉得过于虚伪；当然，也有真的说反话的，如说领导工作起来不要命——其实真正的意思是说领导喜欢加班，但是也折腾了大家。反话要想真正起到作用，还要看听话的人会不会听，不会听，一笑而过；太会听，正常的话也能听出反味来。所以，对什么人能讲反话，也是需要慎重考虑的。

第六节　巧妙拒绝，给彼此留面子

生活中，几乎每个人接受的与人相处的理念都是助人为乐，但是很多时候、很多事情我们不仅不能帮助别人，还必须对对方说“不”，不管是在职场还是在生活中，面对同事、朋友的要求，我们该如何艺术地去说出那个“不”字呢？这不仅关系到对方的颜面，也关系到我们的人际关系是否融洽。

与乐于助人带给人热情的印象相对，拒绝常常让人觉得冷漠无情。但是如果说话得当，这种处境也可以避免。

著名的钢琴家肖邦有一次在巴黎举行演奏会时，当地的一名贵妇人因为没有买到票而向肖邦求助，很可惜肖邦手中也没有票。肖邦既不想给主办方增加麻烦，也不愿意伤害那名贵妇人的面子，于是他说道：“很遗憾，我手上是一张票也没有，但是，在大厅里我有个座位，如果您高兴的话……”贵妇人听到这里，兴奋地问道：“这个位置在哪里呢？”肖邦说：“不难找，就在钢琴的后面。”这座位其实就是肖邦演奏时的座位。贵妇人听出肖邦的意思后，只好识趣地走开了。

肖邦既表达了自己想要帮助贵妇人的愿望，同时也让她明白了自己的确是无能为力，这种拒绝既幽默又得体，还尊重了对方，贵妇人自然接受了肖邦的拒绝。

很多情况下拒绝是很难说出口的，尤其是在恋爱关系中。常言道：“落花有意，流水无情。”我们在恋爱中有时会遇到别人对自己钟情，自己却无法接受的情况，为了不使彼此陷入尴尬，不伤及对方的自尊心，如何拒绝对方送上的“玫瑰”，真得好好思量一番。

阿明与阿茹相识已有一年，他们是一个圈子里的朋友。俊朗、潇洒的阿明渐渐吸引了阿茹的“眼球”，阿茹发现自己爱上了阿明。阿茹是一个害羞的女孩，她没有向阿明直白地表露内心的爱意。她也知道阿明挺讨女孩子的喜欢，怕他看不上自己。但是，她无法摆脱对阿明的爱恋，常常找机会与他在一起，通过各种暗示让他明白自己的一片心意。

阿明是个聪明人，他也明白阿茹的心思，但也确实对阿茹没有感觉。阿明因为怕伤害善良的阿茹，所以一直不好回避与她的来往。阿茹对阿明的暗恋越陷越深，有时候还暗自神伤。阿茹的这些行为被她的一位闺密瞧见，问清了来龙去脉后，闺密找到了阿明，告诉他事情不能再这么发展下去了。

阿明想了好久，终于想到了个好办法。阿茹再约阿明时，阿明总是设法多约几个两人都熟识的朋友一起，有意回避只有他与阿茹两人的约会，让阿茹渐渐明白他无意与她单独“约会”。在阿明看来，阿茹虽然不适合自己，但是个好女孩，他相信她会有美好的爱情，所以他开始帮着物色适合她的男孩，约大家一起玩，给她和钟情她的男孩创造机会。渐渐地，阿茹明白了阿明的良苦用心。他们还像过去那样玩在一起，不过阿茹也摆脱了“暗恋”的折磨，逐渐成为一个快乐的女孩，成为别的男孩心里美丽的风景。

相信每个人的生命里都会出现这样一个“阿茹”，或者我们自己就曾经是“阿茹”，这样的“阿明”却不多见。当然，对对方的暗恋采取“快刀斩乱麻”的方式是一种立竿见影的办法，可谓“长痛不如短痛”。可在我们的生活里，如果两人属于同一个圈子，或是同事、同学，以后还要经常接触和面对时，最好用“春风化雨”的办法，以各种细节让对方明白两人之间不存在爱情的可能，稀释对方心里的暗恋。同时给对方多点关心，可以把一些同性朋友介绍给对方，使其多接触一些异性朋友。还要注意尽量避免与对方单独相处，更不要选择那些有着特别意义的日子约会，如情人节到情人们约会的场所，也不要乱送礼物。只要你尊重对方，并能采取合适的方法帮助对方消除对你的暗恋，不仅给对方留下了面子，还可以和对方成为能够继续交往的异性朋友。

恋爱关系如此，生活中的其他情况也是如此。面对需要拒绝的情况，把拒绝表达得更加艺术，正是语言艺术的最高境界。拒绝既要有力度，也就是让人明白拒绝之意，又要不伤害对方，这是让人很难把握的。因此，我们需要掌握一些巧妙拒绝的技巧，让我们的交际更加轻松自如。

陈某在公司另外一个部门有个非常要好的朋友叫沈某。一日，沈某突然来到陈某的办公室找她。陈某觉得很奇怪，问道：“这可是工作时间，你怎么突然过来了？”

沈某说道：“小陈，我们部门现在有个计划，需要和某公司合作。但是我又不熟悉他们公司的人，所以想请你帮帮忙。”

陈某很惊讶，不等她说话，沈某接着说道：“我知道，你和他们公司的公关经理很熟，你就做个中间人吧，帮我引荐一下，事成之后我不会亏待你的。”看着沈某期待的眼神，陈某感觉很为难，想要回绝又怕沈某不高兴。

于是，她对沈某说道："我的确认识他们公司的公关经理，但是不巧的是她这段时间正在休假。如果你们这个计划不是很急的话，等她回来我为你们引荐吧。"沈某一听就明白了，她向陈某道了谢，然后就另想他法去了。

商场如战场，稍不留神机会转瞬即逝，沈某又怎么能等得对方假期结束归来呢？这种拒绝的方式我们可以称为"拖延战术法"。与故事中的商机转瞬即逝一样，在生活中许多人的耐心也不是很好，如果我们采用拖延战术，那么就很有可能消磨对方的耐性，从而避开对方的请求，也就是说，当对方提出要求时你迟迟没有答应，只是一再表示要研究研究或考虑考虑，那么聪明的人马上就能明白你是不太愿意答应请求的。如有朋友约你下班后打几圈麻将，聪明的你可以这样拒绝："下次再说吧。"这虽然也是拒绝，却比直接说"不去了"效果要好很多。

第二种巧说"不"的方法被称作"移花接木法"。对于一些不便回绝的事情不要过于直接地向对方表示拒绝，可以采取迂回的战术，或者采用指东道西的交流方法，让对方知道你要说的"不"。我们可以转移话题，也可以委婉地陈述自己的现状，总而言之就是让对方明白自己的难处，然后知难而退。但是，这里我们要注意，无论采取哪种方式，语气都非常重要，婉拒的精华所在主要是善于利用语气的转折——温和而坚定——绝不会答应，但也不致撕破脸。比如，先向对方表示同情，或给予赞美，然后再提出理由，加以拒绝。由于先前已因为你的同情使两人的距离拉近，所以对于你的拒绝也能以“可以体谅”的态度接受。

第三种巧说“不”的方法被称为“免开尊口法”。如果因为你和对方有某些特殊的关系，让你无法坦诚地拒绝，那么你可以采取避而不谈的方法，让对方知道你的心思。这个时候，肢体语言就派上用场了。一般而言，摇头代表否定，别人一看你摇头，就会明白你的意思，之后你就不用再多说了。比如，面对上门推销的不速之客，这就不失为一种好的方法，既体现了自己的涵养，同时也尊重了对方的工作；另外，微笑中断也是一种隐晦的暗示，当面带笑容的谈话突然中断，便暗示着无法接受和拒绝；类似的肢体语言还有身体倾斜的姿势、目光游移不定、频频看表、心不在焉……不过这些方法的使用都需要遵循一个前提，那就是切忌伤了对方的自尊心。

除了上述这三种主要方式外，我们在日常生活中还会经常用到用沉默表示“不”，用反语来表明自己的真正意见，用客气表示拒绝，用外交辞令，如“无可奉告”“天知道”“事实会告诉你”等这样一些方式来委婉地拒绝别人。

其实，向我们请求帮助是他人对我们自身能力的一种认可，也表示他人对自己的信任。这本是一件好事，拒绝也是因为自己由于某些因素爱莫能助。但是无论帮与不帮，都要秉持谦虚的态度，别急着拒绝对方，仔细听完对方的要求，这是一种起码的尊重；如果真的没法帮忙，也别急着回绝，至少要记得说声“非常抱歉”。

生活中的种种事例都告诉我们，在人与人的交流中，在人际关系形成的过程中，说话的技巧占据着绝对重要的地位。学会说

“不”，不仅让自己的生活交际变得轻松，同时也对我们在生活中或者工作中更好地融入环境有很多益处，是我们处理人际关系的一门必修课。

CHAPTER 06

第六章

实战篇：日常生活中的人际关系

一个不会交往的人，犹如陆地上的船，永远不会漂流到人生的大海中去。在每个人的一生中，我们都要和许多人进行交往，一个人是否拥有正常良好的人际关系往往影响着一个人一生的幸福。在日常生活的众多人际关系中，你的表现如何呢？

第一节　你是一个好丈夫或好妻子吗

好丈夫、好妻子，是别人眼里的好，还是自己眼中的好？这涉及对夫妻关系定义的理解问题。作为一种特殊人际关系存在的夫妻关系，它应该是存在于夫妻双方之间的关系，因此所谓的“好丈夫”或者“好妻子”也应当是根据夫妻双方的感受，自己说了算，而不是旁观者眼中的。这也为我们在处理夫妻关系时提了个醒，别人说好不是好，只有对方满意才算数。

社会心理学家曾经针对好丈夫或者好妻子总结了五条标准，其一，婚姻要以感情为基础，没有情感维系的婚姻本身就是不正常的，因此也无法成为好丈夫或是好妻子；其二，对待爱人要忠诚，这是好丈夫或是好妻子必须做到的；其三，要为对方负责任。任何一对夫妻不仅需要自己为自己负责，同时也需要为对方负责，“一损俱损，一荣俱荣”；其四，要相互尊重和帮助，携手共度一生。我们常说尊重是人与人之间交往的基础，婚姻中的双方也一样，只有尊重才可以互相理解、体谅，互相帮助；其五，好丈夫或者是好妻子应该呈现给对方一种积极的精神面貌，以勉励对方不断进取。

这五条标准乍听起来都是非常通俗易懂的，人们也认为自己在实际生活中是这么做的，但这有时是一种错觉。具体到现实生活中，大多数人其实并不容易做到这些。以其中最简单的一条——尊重来讲，许多人说起来和做起来完全是两码事。如某些夫妻双方中总有一方抱着试图“改造”对方的想法，小到穿衣戴帽，大到思想行为，总想按照自己头脑中固有的理想模式去要求对方，殊不知这本身就是对对方的一种不尊重。我们每个人生活在这个世界上，都拥有属于自己的个性，包括我们的生活习惯、品位、思想等。如果不能得到对方的认可，就是对个人存在价值的一种否定。发生这种现象的原因固然是因为两人的性格或是沟通出现了问题，但是究其深层次原因，也是夫妻关系的特殊性所致。

李某和丈夫刘某在外人眼里，是一对恩爱无比的幸福夫妻，但是每当别人向他俩取经的时候，他俩都会谦虚地说：“哪里，哪里。”原来，私下里，李某和刘某也是对对方都非常不满意，李某认为丈夫不体贴，对待她还不如对待“外人”；刘某也认为妻子不贤惠，总是在朋友面前让自己很没面子，不太懂得体谅自己。二人经常会因为刘某下班晚了或是李某不刷碗等这样一些小事喋喋不休地争论。争论到最后往往是双方都很生气。是因为他们的性格不好吗？似乎不是，因为无论是刘某还是李某，在单位，他们都是大家眼中的“好人”——热情开朗、乐于助人、关心他人等，这样的两个人又有谁能想到他们回家后就完全变了个样子呢？

“回家变了个样子”不仅会发生在李某和刘某身上，也会发生在现实生活中的我们身上。而究其原因，则是因为夫妻关系是人际关系中的一种特殊关系，它的特殊性让夫妻之间既有一种天然的“亲密”，也有稍不留意就会触到的“禁区”。

首先，夫妻关系的特殊性表现在它是一种既全面又密切的关系。在夫妻关系中，存在诸如生活起居、思想观念、经济收入支配、文化娱乐等影响因素，它们既单独存在，本身又从属于夫妻关系中的某一方面。然而，这些因素放在夫妻间自然的“亲密”关系里，又无法在两人之间分得很清楚，如经济收入支配，我们很难在一个家庭之中分出哪些是妻子挣的钱，哪些是丈夫挣的钱，更不可能知道今天消费的到底是谁的钱——关于夫妻之间共有的财产，法律上还有个专有名词，叫作“共同财产”。这种“你中有我，我中有你”的关系是任何其他人际关系都无法比拟的。

其次，夫妻关系的特殊性表现在它是一种相对长久且稳定的关系，并且这种长久和稳定是靠感情来维系的。对于普通同事或者朋友，大家的交往往往是存在一定的目的的，因此关系既可以亲近也可以疏远，今天可以和你好，明天又可以和他好。夫妻之间却不是这样的特点。

再次，夫妻关系的特殊性表现在它具有“排他性”。这种关系几乎对于我们每个人来说都是唯一的，不像其他关系我们可以同时和不同的对象交叉发展。正是由于这种特殊性的存在，夫妻关系中任何可能会影响家庭稳定和安全的人和事情都会变得异常敏感。

最后，夫妻关系的特殊性表现在这是一种最容易被“忽略”的关系。例如在工作中，别人给自己提点意见，我们总会虚心听取，领导安排的工作也会努力完成。但是在家里就不是这样了，今天不想刷碗可以推给爱人，爱人提点意见不但不听，还可能发一顿脾气。这是因为夫妻关系不像其他关系，可以依靠外部的规章制度、纪律等约束，它是人与人之间最真实、也最坦诚的“相处”，因此要维持好夫妻关系只能依靠内心和道德，也只能自己“管”自己。

基于夫妻关系的这些特殊性，我们在生活中更应该珍惜夫妻之间的心理和情感关系。当夫妻关系出现问题或者是两人之间出现矛盾时，试着让夫妻双方自己去解决，不要让他人介入，因为他人的介入不但不会解决问题，反而可能激化矛盾。俗话说“劝和不劝分”，劝架的人往往是顺势说好听的话，这就容易使人觉得自己一切都对，对方一切都不对。这样除了引起爱人的反感，其他任何好处也没有；此外，我们也应该从夫妻关系的“排他性”出发，在两性问题上注意分寸，在与异性的交往上要得体，不要做出任何容易引起爱人误会的事情；不要由于在单位受到组织纪律的约束，有了不顺心的事或挨了批评，不好发作，到家中就借题发挥，拿爱人出气……

至于如何做一个好丈夫或者好妻子，以下一些建议，我们可以适当借鉴。

做为好丈夫，我们需要：

1.“怕”老婆。有位名人曾经说过，爱老婆才会怕老婆。这个“怕”和我们日常理解的“害怕”是不一样的，是发自内心的一种在意，因为在意妻子的感受，因此表现出事事顺其意。这样的人一般都不会做出夜不归宿、金屋藏娇之类损害夫妻关系的事情。

2. 给妻子足够的安全感。也许是女性心理和男性心理的不同，她们总是缺乏安全感，为了给自己足够的安全感，有时会表现得很霸道或者不近情理，其实这都是缺乏安全感的体现。因此为了消除妻子的这些顾虑，好丈夫不妨把整个家庭的大小事情，连带自己的钱包一起交给妻子管，这不仅是一种信任，更是为了杜绝“男人有钱就变坏”的老话带给妻子的不安全感。

3. 努力工作，给妻儿创造优越的生活条件。作为男性，养家糊口是一项基本的责任，努力工作不仅可以创造财富，还可以让妻子有荣耀感，觉得嫁给你是最大的幸福。

4. 体贴关怀，爱威有时。做丈夫的既不能一天到晚板着脸孔，对老婆一点怜爱关心都没有，也不能一天到晚谈情说爱，不务正业。最好能做到该严肃时严肃，该温柔时温柔，多体贴关怀妻子。

那么，做妻子的又该怎样对待丈夫呢？中国传统文化中对女性的职责有个概括，叫“相夫教子”。在现代，我们可以将其稍微做些演化。作为一个好妻子，我们需要做到：

1. 对丈夫要尊重。是人都要面子，尤其是作为丈夫的男人。做妻子的不能常常对老公说，你就是不听我的话，你就是不接受我的意见，这样容易挫伤男性的自尊心，令他心生反感，影响家庭和谐。给丈夫面子，不仅是在家中，在外人面前更需如此。

2. 要温柔可爱。温柔是上帝赐给女性最好的礼物。做一个好妻子，要学会以柔克刚，对老公多讲鼓励和赞美的话，不说讽刺、贬损的话。只有关爱，才是一个家庭幸福的源泉。

3. 要体贴关怀。对于懂得体贴关怀、嘘寒问暖的好妻子，丈夫也会回报以同样的体贴。

4. 要心地善良，懂得爱屋及乌。既然爱丈夫，就连同丈夫的家人、朋友都一起爱吧，因为没有他们，就没有你现在的丈夫。

如果我们都能够做到以上几点，那么家里的夫妻关系自然会和谐无争。当我们成为一个好丈夫或是好妻子时，收获的将不仅是一份良好的夫妻关系，同时也会因为婚姻幸福而有更多处理好其他人际关系的精力和能力。

延伸阅读：夫妻关系小测试

你和伴侣的夫妻关系如何呢？请针对下面的问题作出回答：

1. 你认为夫妻之间由于某些分歧而吵架、怄气、不理睬等是：

   a. 很大的不幸。（5）

   b. 最好别发生。（3）

   c. 这不要紧，重要的是赶紧和好。（1）

2. 在你看来，最为理想的夫妻关系应该是：

   a. 双方事事如意。（5）

   b. 多数情况下如意。（3）

   c. 介于两者之间。（1）

3. 你和你丈夫（妻子）的生活属于：

   a. 常年不在一起，难得一见。（5）

   b. 从没分离。（3）

   c. 时有短暂分别。（1）

4. 闲暇时间，你们总喜欢这样度过：

   a. 夫妻一起度过。（1）

   b. 和亲友一起度过。（5）

c. 介于两者之间。（3）

5. 引起夫妻之间争吵最多的话题通常是：

a. 经济支出。（3）

b. 对一些事情的认识以及处理方法。（1）

c. 猜疑一方不忠诚。（5）

6. 对于繁重琐碎的家务劳动，你们总是：

a. 争着做。（1）

b. 推给对方。（5）

c. 合理分担。（3）

7. 你们夫妻对性生活的要求是：

a. 在可能的情况下质量兼顾。（1）

b. 只注意量。（5）

c. 只注意质。（3）

8. 夫妻怄气后言归于好的一般过程是：

a. 一方让步。（3）

b. 互有让步。（1）

c. 都不想让步，求助于外力。（5）

9. 你感到当初选他（她）做配偶的决定是：

a. 一个失误。（5）

b. 聪明的选择。（1）

c. 说不好。（3）

10. 在教育孩子的基本方向和采取的方法上你们：

a. 认识一致。（1）

b. 分歧严重。（5）

c. 少数情况下不一致。（3）

将心理测试题后面您所选的选项分数相加，总分为

夫妻关系心理测试结果说明：

47 ~ 60 分——夫妻关系不理想：你们的婚姻缺乏爱情基础，即使相安无事，也只不过在委曲求全。对此夫妻双方宜作出努力予以改变。长期夫妻关系失调，感情难以沟通，即使终日相处也感受不到欢乐和幸福，还易导致“婚外恋”。记住一句名言：“选择你所爱的，爱你所选的。”只要你们夫妻经常反省，在感情上多投资，一切都有机会好起来的。

23 ~ 46 分——夫妻关系较理想，尚需努力：一般而言，夫妻关系还算理想，但存有若干不理想因素，你们对此不要忽略。要看到，即使当初双方起点相同，也不等于有相同的终点，更不等于在生活旅途中永远美满和谐。因而有不理想的成分不应苦恼，应视为正常现象。关键是要培养共同的价值取向。价值观念一旦发生分歧，就会给夫妻关系蒙上阴影，你们对此应时刻留意。

12 ~ 22 分——夫妻关系很理想：对你们来说，婚姻不是爱情的终结，而是更深的依恋。当然，有些时候，你们也可能闹点小别扭，但这不过是平静生活中发生的小插曲，不仅无碍，还会为绚丽的生活增加缤纷的色彩。乌云过后，爱的天空更蔚蓝。

第二节　孩子眼中的你

亲子关系是我们每个人来到人世间的第一个人际关系，它对我们的身心健康十分重要。作为一名成年人，作为一名爸爸或者妈妈，不要觉得这种关系是天然的、不可改变的，孩子眼中的你是父母还是朋友，是威严还是慈爱，这些都直接影响你与孩子之间的人际关系状态。

我们先来看一份关于家庭亲子关系调查中的两段记录：

片段一：星期六，家里只有父子两人，父亲突然想："如果今天我不主动和儿子说话，儿子会怎么做呢？"想过之后，他就自顾自地做着自己的事情。做好饭时，他才对儿子喊了一句："儿子，可以吃饭了！"儿子吃完饭后，撂下碗筷又回到自己的房间去了，没跟父亲说过一句话，这时候的父亲感觉自己的心都要碎了："其实我真的很想跟儿子聊一聊，可我就是不知道该怎么说。"

片段二：当我的父母与我交谈时，我感到一种压力、一种束缚感。当我想发表自己的意见时，看着父母关切的目光，我怎么也说不出口。我不想伤害他们，我觉得很累、很累……妈妈，你是否明白女儿真正想要的是你的理解和信任？昨天，我一回到家，就受到您的质问，您不知从哪里听来的风言风语，说我这次考试作弊，你竟然相信了！您听不进我的任何解释。我伤心极了，这次我的分数很高，同学们都猜疑是可以理解的，可是您是我妈妈啊，连你都不相信我，这是何等悲哀啊！

这两个片段代表了当前的青少年与父母之间缺乏沟通与交流，不能正常交往的困境。其中可能有我们常说的“代沟”原因，也有沟通技巧的问题。但是无论是代沟的存在，还是因为子女无法理解、体谅父母，双方沟通不畅，我们都可以从思想上找到源头。在我们的意识里，都有一个传统的“父母”概念，父母是管教和约束子女成长的，是他们成长道路上的监护人，从这个观念出发，我们可能会采取一些不当的教育方式。父母反而都忽略了一点，孩子作为一个独立的个体，他有要求自由和平等的权利，我们不去尊重他们，他们又怎么能和我们相互理解呢？

一部电视剧中有这样一个情节：身为教育专家的妈妈很为自己的女儿不理解自己、不愿意搭理自己而感到苦恼，她可以处理别人家孩子出现的种种问题，却解决不了自己孩子的问题。一个偶然的机会，她的一位同学兼学生家长无意中在她的办公室接到了她远在大洋彼岸的女儿发过来的视频请求。“叛逆”的小女孩一看是陌生人，准备挂掉电话，也许是出于好奇，也许是出于同样身为妈妈的这种身份，她的同学主动与小女孩聊起来，并且还讲了许多她妈妈上学时候的事情，在视频电话挂掉之前，小女孩觉得这位阿姨真是一个有趣的人，约了下次再聊。

在一次次的聊天中，小女孩不喜欢搭理她妈妈的真相终于被揭开：原来是因为她觉得妈妈总是在她的面前端着一副“妈妈”的架子，讲自己如何如何不容易，让她觉得太无聊了。后来，这位小女孩和她的教育专家妈妈之间的矛盾化解了，解决方法只有一句话，那就是试着去做孩子的朋友，而不是一个监护人。

这个看似简单的道理，我们许多人都无法做到。一位美国学者走访了二十多个国家，对约一万名肤色不同、经济条件各异的学龄儿童进行统计分析，总结出了儿童对父母和家庭最重要的十条要求。它们依次是：当孩子在场时，父母不要当着孩子的面吵架；家长不要总拿别的孩子的长处与自己的孩子做比较；不要对孩子失信或撒谎，对自己的许诺要兑现，不能敷衍了事；父母之间要互相谦让，不可互相责怪对方；父母平时对孩子多关心，相互之间应亲密无间；如果孩子的好朋友来做客，家长应该真诚地表示欢迎；家长对孩子的态度不能忽冷忽热，更不能发脾气；对于那些家里有老人的家庭，家长应首先做到尊老爱幼，和全家利益相关的事情应征求全家人的意见；家里要经常有一些娱乐活动，星期日至少玩半天；父母不能摆出一贯正确的架势，当父母有缺点时，孩子也可以提出批评。

由上面的十条要求我们可以看出，其实孩子对父母也是有要求的，我们想和孩子搞好关系，首先就得明确孩子的心里是怎么想的。不要以为父母是天生的，孩子又不能选择，并以此来忽略孩子对父母的要求。孩子固然不能选择父母，但是父母完全可以为了孩子而改变，更何况这种改变是一种对双方都有益的改变。

那么，要创建良好的亲子关系，我们需要作出哪些改变呢？

首先，我们可以试着走进孩子的内心世界。用关爱之心去抚育孩子，这是每个父母都可以做到的事情，但是父母们往往最缺乏的是童心，他们忽略了孩子的心理特点和兴趣、需要，家长总是用成人的眼光去看待孩子，评价孩子也是按照成人的价值观和标准，以成人的期望去要求孩子，因此常常导致孩子产生受拘束、受压抑、不满足、不愉快的感觉。即使家长为孩子买食物、玩具、衣服，也消除不了他们渴望父母理解的内心需求。

其次，我们要学会和孩子成为朋友。就像上文故事中的那位教育专家妈妈那样，生活中的父母总认为父母教育孩子要有威严，不能“没大没小的”，否则管教不好孩子，所以，家长在教育孩子的时候脸上常常没有任何笑容，甚至以打、骂、威吓的方式来管教孩子。这种“管教”也许能一时见效，但长时间下来很容易引起孩子的逆反心理，甚至影响他们身心的健康成长。加上父母的很多行为方式会导致孩子们的“模仿”，粗暴的教育方式也会直接导致孩子在处理问题时的一种简单粗暴思维。不良教养方式和亲子关系严重扭曲还会引起孩子的自卑感、焦虑、退缩以及说谎等不良心理与行为。

最后，我们对孩子要做到爱护适度。孩子的健康成长需要父母的爱和关怀，孩子的满足感、安全感、愉悦感等良好的情绪体验在父母无微不至的爱与关心下才会产生，这些都有利于他们的健康成长。但是如果家长对孩子的爱过度了，到了溺爱的程度，孩子就会完全依赖父母，家长对孩子则放纵、百依百顺、无限满足、一切包办，这种亲子关系同样会影响孩子的健康成长，会让孩子形成很多不良的性格特征和行为习惯，如任性、自私、依赖性强等。因此，家长必须爱护适度。

除此之外，作为父母，还要懂得听比说重要的道理，听孩子说什么也许比跟孩子说什么更加重要。试想在我们的生活中，假如我们没有倾听的经验，我们怎么跟别人交谈，了解别人呢？多听，我们才能体会孩子的真实想法。

和孩子一起成长，读懂孩子的内心想法，这样才能真正处理好亲子关系，与其强求孩子改变，不如我们先来尝试做一个孩子眼中受欢迎的父母吧。

第三节　做上司身边的“大红人”

汪中求先生曾经提出过这样一个观点：把老板当作第一顾客。的确，对于现代人来说，职场是一个人除家庭以外经常出入的地方，而上司作为职场中的重要人物，不管是职权还是地位都高高在上，他直接决定着我们在职场中发展的前途和生存处境。一个人如果能处理好和自己上司的关系，不仅有助于自己事业的发展，同时也会深刻地影响生活中其他方面的幸福指数。

曾经有一部很火的电视剧，叫作《我的兄弟叫顺溜》，其中有这么一段话：“当兵这么多年，我从来没有见过这样的兵。可以像狼、像虎，拼尽最后一颗子弹，拼尽最后一滴血，疯狂地去战斗。而在最需要他冷静面对困境的时候，他也可以恪守一个军人的职责和纪律，去控制自己的情绪和内心。”这是团长对顺溜的评价，通过这段话我们也可以发现，其实顺溜就是许多职场人士学习的榜样——上司身边的“大红人”。

顺溜为什么可以让上司如此喜欢自己呢？回顾剧情我们可以发现，顺溜主要有三个特点：

第一，有真才实学。看过电视剧的人应该都知道剧中的顺溜是一个弹无虚发的神枪手。对于这样的人才，换作我们是上司是不是也会喜欢呢？对于这样的人才，即使有些小毛病，领导也会喜欢。在任何企业里，领导身边的“红人”除了极个别的靠溜须拍马哄上司开心，大部分都是具有真才实学的人。因为只有人才才是领导辉煌成就背后的重要支撑。任何时候，具备超强能力的人都会被领导看重。

第二，有责任感，关键时刻能够牢记自己作为军人的职责。这一点也非常重要，不管是老板还是上司，没有一个人会喜欢偷奸耍滑、不负责任的人。在现代社会中，有些人非常害怕承担责任，拈轻怕重，生怕自己吃亏，遇到事情喜欢逃避。这样的人或许可以左右逢源，一时得意，但是“路遥知马力，日久见人心”，时间一长，上司自然就知道其为人了；另外，上司之所以能够成为上司，很大一部分原因也是因为他本身就是一个有责任感、勇于承担责任的人。因为只有自己奋勇当先，为他人树立榜样，手下的员工才会被这种精神感染。这样的上司自然也喜欢被自己“感染”的人。

第三，对事业忠诚、投入。军人的事业就是上阵打仗，上了战场的顺溜可以像狼、像虎一样拼尽最后一颗子弹、最后一滴血。在职场上也是一样，只有忠诚于事业的人才会安于自己的岗位，勇于承担上司交给自己的重任，这样的人理所当然会受到上司的重视。因为任何一个企业随着业务的展开，都会产生一些新的、具有挑战性的任务，而这些任务都需要有人去承担，去完成。从某种意义上讲，这种人就是我们平常所说的堪当大任者。如果没有这样的人，上司是不可能推行自己的计划的。因此，那些没事时“瞎嚷嚷”，遇到事情就逃避，不爱岗敬业的人不仅不受上司喜欢，也终究会在大浪淘沙中被淘汰。

除了和顺溜一样具备以上三个特点，企业还需要关键时刻能够牺牲个人利益、有大局观念的人。在一个企业里，什么叫“顾全大局”呢？ 2008 年金融危机时，某企业老总只拿 1 元酬劳，却承诺不裁员、不给员工减薪；有一个销售人员，按照年初制订的销售提成方案，他的收入会远远高于其他地区业绩相当的人，但是为了不影响其他销售人员的积极性，他欣然接受了公司为他重新制订的薪酬方案；公司需要在贫困艰苦地区开展业务，谁都不愿意去，这个时候有人挺身而出说“我去”；等等。正是有了这样一群“舍小家、为大家”，顾全大局的好员工，企业的发展战略才能推进，这样不计个人得失，牺牲“小我”、成就“大我”的员工，不仅为自己赢得了尊重，也会赢得上司的尊重。作为一名职场人士，如果没有大局观念和牺牲精神，团队意识就无从谈起，走到哪里也不会受到欢迎。当然，企业和公司也不能认为“顾全大局”者的付出是理所当然的，在有条件的时候也应给予回报。

在上司的心目中，员工大致可以分为下面几类：一种是能力很强又服从管理，这是领导最看好的一类；一种是你能力不强也不弱，马马虎虎还说得过去，但是也很服从管理，这样的人上司也比较喜欢，会认为还不错；还有一种是能力虽然很差，但是比较听话，这也没太大问题，领导会对其勉强用之；最后一种就是能力很强，但不服从管理，尽管这些“不听话”有时是为工作着想，但这也没用，因为这会让上司产生一种不好的感觉：你是不是觉得自己比我强？你是上司还是我是上司？对于此类员工，上司会毫不犹豫地忍痛割爱——至于那种既不服从管理又没有能力的人，放心，他们是根本入不了上司的法眼的。

了解了上司喜欢的员工的特质，我们再照着去做，就会容易很多——在人际关系心理学中，有一条重要的原则叫作“投其所好”，也就是说，我们想要和某人处理好关系，就要做他喜欢的人。比如，如上所述，上司喜欢有真才实学的人，那么我们首先就必须做到有过硬的专业技术，或者是见解独特、资源丰富，也就是拥有自己的“独门绝技”。要做到这一点，我们不仅需要有扎实的基本功和专业特长，找到自己的“关键岗位”也很重要。在“人才”理论里，有一个“二八定律”，即在一个群体中，只有20%的“人才”是真正不可或缺的。而一个人只有结合自己的专业和企业的性质，找到适合自己的关键岗位，才能够做出成绩，展现自己的优势，变得“不可或缺”。如果说一件事谁都能干，那么我们的价值又从何体现呢？只有当一件事只有我们能干，或者暂时只有我们能干时，我们的价值才更加突出。

对于个人而言，我们首先要有自信，相信自己有能够承担重任的能力，这种自信来源于自己扎实的功底，而不是自负；我们必须时刻明白，上司将一件重要的事情交给自己办，就是对自己的信任。如果没有困难，那肯定是不重要的事情，不重要的事情即使做了，也体现不出自己的能力。因此，无论遇到任何问题，我们都必须具备自己想办法解决问题的开拓精神，充分发挥自己的聪明才智，没有条件也要创造条件。

不过，要做上司身边的“红人”，仅了解或者做到这些还是不够的，在和上司相处的过程中我们还需要掌握一些技巧：

第一，把握与上司建立密切关系的最好时机。如新上级初到伊始，并不是所有上司都是从单位基层一点点做起来的，也有一些特殊的“空降兵”，他们往往因为新到一个环境里，需要对各种情况加以了解，这正是显示下属能力的最好机会。我们可以积极地展示自己的工作能力，既满足了上级的需求，同时也推销了自己——这时要切记不要在新上级面前随便评价他的前任，这种“人走茶凉”的行为会让新上级产生疑虑；还有，当上级需要帮助时，一般而言，每个人都有自己擅长和不擅长的方面，作为上司也是如此，而上司往往由于拉不下面子，很难主动向下属坦白这种情况，这时就需要我们善于发现领导的这种难处，然后自告奋勇地帮助领导解决难题，如接下比较棘手的工作等。

第二，尊重上司，满足他们的安全感需求。在现实生活中，许多上司都是通过观察下属的言行来判断自己的威信及行为的。而许多下属偏偏不明就里，或是把他们看作做官的，与自己毫不相干，除了公事，不闻不问，敬而远之；抑或觉得他们学历比自己还低，对他们不屑一顾，这些做法或者想法都非常不利于和上司相处。由于上司不可能整天监视下属的言行，但是又担心下属对自己不利，这样很容易导致猜疑。作为下属，这时明智的做法应该是经常向领导报告，宁可一个报告接一个报告，也不能疏于报告——报告需注意内容，不可琐碎，有些事情要重视结果而非过程；在遇到特别原因需要越级报告时，也要先请示直接上司，获得他的同意和支持；在公开的场合和重要会议上，一定要记得让上司“唱主角”。在他没作决定之前，有什么意见和建议尽管提出；一旦他已拿定主意，就不要坚持己见，再提出异议。记住，你看见的只是其一，他定的却是全盘大计。

第三，对上司要以诚相待。如果在业务上有两位以上的上司，你必须认清谁是自己的主管，应将有关业务问题向他请示，获得他的信任与支持。另一上司交给你的事情，在不相互冲突的情况下，也应尽力办理；如果与直接上司的指示相冲突，你应委婉地陈述困难，求得谅解，不可在两位上司之间投机取巧，否则，你会左右不讨好。

如果你能够做到上述各点，就一定能够成为上司眼中的“人才”，上司也会主动结交你，你将成为上司最信赖的人。

第四节　办公室里左右逢源的人

左右逢源，原指到处都能遇到充足的水源，后用来比喻做事情得心应手、非常顺利。用于人际关系中也是一样，身在职场，每个人都想成为办公室中左右逢源的人，这虽然有难度，但是只要掌握一定的技巧，也不是没有可能的。

做一个办公室里左右逢源的人，对于每个人的意义都是巨大的。因为同为同事，大家抬头不见低头见，如果关系处得不是很好，将非常痛苦，小则失去向别人求助的机会，大则容易被敌视，这不仅不利于个人工作的开展，也会影响个人的情绪和心态。试想，如果总在一个地方你极不情愿见到某人，或者见到他心里就觉得堵得慌，那么你的一天会快乐吗？如果不快乐，你能够安心地做好自己的工作吗？况且，工作本身就是为了给我们创造幸福美好的生活，如果工作本身是痛苦的，那岂非南辕北辙了？

可能有人会说，谁不想和大家处好关系呢，关键不是不好处吗？

这句话说得的确很在理。办公室里人际关系的好坏，不仅有主观的因素，更有一些客观因素的影响，甚至可以说是传统的心理因素的影响。尽管在现代企业中我们都讲究团队精神，但这也不能排除同事之间还存在着很激烈的竞争。在日常生活中，我们会经常发现，许多同时来到一个新公司的同事很容易成为朋友，可以无话不谈，推心置腹，但是在若干年后，这种状态就消失了，甚至可能成为仇人。这其中一定是经历了一些巨大的变故，而导致这些变故的一个主因就是竞争。社会的优胜劣汰以及人们的自我保护意识已经决定了人们做任何事情之前首先考虑的是自己的生存和利益，而能否化解下属间的冲突还要看领导人的智慧。

这样的事例在我们古代的职场上就已经开始出现，如大思想家韩非，法家思想的集大成者，就曾经有过因竞争而被陷害的遭遇。

据说，韩非的一些著作曾经流传到秦国，引起了秦国国君的感慨：此生如能见到这个人，死而无憾了。于是，为了得到韩非，秦王派兵攻打韩国。韩非原本在韩国并没有得到重用，韩国国君也是到这个时候才想起韩非，派他出使秦国。韩非入秦后，得以面见秦王，大抒己见。秦王听罢，十分赞赏，马上就准备给韩非加官晋爵。

秦王的做法引起了当时的丞相李斯的不满。原来李斯和韩非曾经是同学，李斯也了解韩非的才华，他和韩非都曾学过“帝王之术”，如今要共事一主，李斯很担心韩非会占尽风头，把自己排挤掉。为了除掉韩非，李斯对秦王进谏道：“韩非是韩国的公子，现在大王要兼并诸侯，韩国也必然会受制其中，所以大王不方便现在起用韩非。然而如果放韩非回国，韩非则必然相帮韩国，这会为我们带来很大的后患。不如，我们现在就找个罪名把他杀了吧。”秦王觉得李斯的分析非常有道理，于是就下令将韩非先囚禁在秦国。后来李斯不放心，为除后患，还是给韩非下毒，杀害了他。

与同事处理好关系的第一条原则就是，学会示弱。对于今天的人们来说，争强好胜似乎成为一种习惯。在工作和生活中事事处处都占尽上风，这样的人往往得不到大家的喜欢，学会示弱反而能赢得好感。俗话说“吃得亏，捞得堆”，你的表现弱，看上去别人会欺负你，其实更多的人会因为你能带给别人安全感而去保护你，反而那些所谓“强势”的人，其实遭到的攻击会更猛烈。而在此类冲突中，一个智慧的领导所起到的作用也是不容忽视的。能够适时平衡竞争下属间的利益，化解他们的矛盾，既避免了自己损兵折将，又能使其共同为自己服务。

与同事处理好关系的第二条原则是要学会同乐。身处职场，每个人都面临很大的压力。如果能够一起释放压力、寻找快乐，就一定能赢得同事的友情。一起分享快乐，可以在潜移默化下增强彼此之间的默契和好感。

与同事同乐，还需要注意一些小事情：如日常生活中应对同事的请客。有些人在有了高兴的事情，如发奖金或者晋升时喜欢请办公室的人一起出去吃饭，或者给大家带一些好吃的，这时候我们如果拒绝，就会显得有些不近情理，弄不好会被以为是心里“酸溜溜”。其实，我们很多时候在为别人高兴之余，内心都难免“酸溜溜”的，但是这个时候我们就需要调整好自己的心态，不要让这种不良情绪流露出来，影响同事之间的关系。

有些同事在出差回来时总是不忘给大家带纪念品，这样的人会受到上自领导、下至普通同事的欢迎。因为不管你是因公出差还是因私出差，对于身处职场的人来说，通常出差就意味着一种环境的改变，而环境的改变总可以带给人散心的效果，相对不出差的人来说，出差是一件快乐的、具有福利性质的事情。为了弥补大家不能享受这种快乐的遗憾，适当地带回一些特产或者纪念品，就是一种非常不错的补偿方法。当然，特产也不用每人一份，可以给集体带一些，也不需要特别昂贵的，因为大家在意的是一份心意。

当然，与大家同乐还包括说一些可以说的私事。有时候，我们受到的教导会告诉我们，办公室不是可以说心事的地方，也不是互诉衷肠的地方，这些诚然都没有错，但是一些可以说的私事，如你的男朋友或者女朋友的工作、性格，生活中的趣事，或者家里的小孩等，这些私事都是无伤大雅的，并且没有太多隐私的内容，这样彼此聊聊还可以增进同事之间的了解。办公室虽然是办公的地方，但是在工作之余我们也需要放松，需要彼此增进友谊，且不可太过于“不食人间烟火”，这样的人别人只能对其敬而远之。如此下去，办公室同事间的人际关系又该如何发展呢？

不过，说私事归说私事，它有个界限：那就是说“可以说”的。什么是“可以说”的呢？一些和自己相关的，不涉及彼此利益的事情就可以说。反之，和自己无关的就不能说，因为那是别人的事，说了就属于说人是非；涉及他人或自身利益的也不能说，说了容易被别人算计。因此，我们还需牢记一条原则：洁身自好，不参与是非。

左右逢源并不等于让周围人都说你好，而是让自己成为周围人最信任的那个人。办公室里难免有是非，要想左右逢源，就必须学会洁身自好，对是非保持警觉性，并远离是非。别以为是非是小事，招惹是非的人在职场一定没有前途，更不要为了赢得所谓的左右逢源而身陷是非当中。记住时间是检验真理的唯一标准，洁身自好的人最终一定会被发现是办公室里最可靠的那个人。

最后，做办公室里左右逢源的人，还有一条最重要的原则，那就是尊重他人。尊重意味着一种平等。在职场上，每个人的处境都不一样，高高在上的领导也好，默默无闻的小职员也罢，在交往的过程中我们都要给予尊重。只有尊重别人，才能赢得别人的尊重；只有尊重别人，才能赢得别人的笑容；尊重还意味着要学会包容别人，人之所以产生差异，是因为每个人都是一个独特的个体，学会了包容别人，就学会了尊重他人。包容别人，也是包容自己。包容他人对自己有意无意的伤害，是让人钦佩的气概；包容他人曾经的过失，是对他人改过自新的最大鼓励。在职场上，每个人的观念都有局限性，对立的观点不必看成是否定的，而是互相补充。懂得了这些，融入同事当中就容易了。

总而言之，办公室是一个狭小而又多元的场所，它可以带给我们很多的快乐和成就感，也可能令我们感受到极大的压力和挫折，而决定前者与后者差距的一个最大因素就是办公室里的人际关系。

第五节 下属喜欢的领导是这样的

“领导”是生活中我们对“领导者”的一种简称，之所以如此称呼，是因为领导者的主要工作就是领导和管理。领导作为一种工作职能，是领导者与下属不断产生互动的过程，因此，领导者与下属的关系就显得至关重要，做一个下属喜欢的好领导，既是决定领导者影响力的前提条件，也是影响领导行为有效性的重要因素。

什么是下属喜欢的领导呢？首先一定是好领导。所谓好领导，一定要拥有一种气场，这种气场可以使人向他的周围聚拢，可以带领自己的团队保持士气高、斗志旺、战斗力强；分管业务业绩突出，名列前茅，让下属觉得身在他的团队是一种荣幸；好领导吸引别人的不是他作为领导的职权，而是他的个人魅力，这种魅力会让下属心甘情愿地去追随他；好领导对于团队有着特别的意义，如果有一天他不在这个团队，他的下属会感到空虚，感到没有了主心骨。然而，并不是每一个领导都能成为这样的好领导。好领导，除了要拥有领导者自身的人格魅力外，还需要能够智慧地处理和下属之间的关系。

一般而言，下属喜欢的领导都是比较豁达，处理问题时能够站在一个更高的高度上，如公司角度。这样的领导被下属称为具有“大局”意识。一个处理问题时将个人利益看得比集体利益还重，遇事斤斤计较、患得患失的领导是不会赢得团队中下属的尊重的。这是品质和素质的问题，更何况一个只在自己小圈子里面打转的领导是不会有什么大作为的，也不能带领下属奔向更好的前程。试问，这样的领导又怎么能赢得下属的爱戴呢？

同样，做下属的也不喜欢居高自傲的领导。要知道“水能载舟，亦能覆舟”，那些喜欢被人奉承，动不动就指使下属、教训下属，并且还觉得这是天经地义的领导，非但不能得到下属的尊重，反而会因为高傲而无法顺应“民心”，最终失去“民心”。做领导的只有真心对待下属，“以心换心”，才能当之无愧地称得上“领导”二字。

当然，关心下属，可以从日常工作的方方面面入手。比如，和下属定期谈心：一些领导由于长期处在领导的位置上，也不与下属交流，他们因为对下属的能力、进步不了解，所以难免会用老眼光来看待下属，这样很容易打击下属的积极性，同时被打击的下属潜意识里也会把这个领导打入“冷宫”，损害领导的威望。再如，和下属多聊聊他们关于职业生涯规划方面的想法：每一个下属或者员工都是活生生的人，都会希望得到更好的待遇、更好的发展，过上更好的生活。一个好领导通过了解下属的职业生涯规划，就可以看出这个人的职业前景如何，会为他们将来的提升做出计划和安排，该提升的时候，适时提升，这样下属就会永远充满希望。

关心下属，还可以站在员工的立场上去考虑他们的真正需求。员工的生活层面与领导的生活层面肯定是不同的，因此不要总是站在领导者自己的角度上考虑问题，而要站在下属的角度考虑问题，切实为他们解决一些实际困难。

不过，做一个让下属喜欢的领导，除了要从领导者个人魅力的修炼做起，还要善于处理好和下属之间的关系。美国钢铁大王卡内基的墓志铭上写着这样一句话：“这里长眠着一位善于同高于自己的人一道工作的人。”这句话一言道破了领导者与下属关系的真谛。在处理和下属的关系时，领导应当遵循以下原则：

1. 尊重下属的人格。尽管在组织关系中，领导者与下属有上下级之分，但是在人格上是平等的主体关系，下属的人格地位是独立的，领导者应予以足够的尊重；每一个人都有自尊的需要，领导者对待下属，要特别注意方式方法，不能使他们丢面子。实际上，下属为了维护领导的面子，总是千方百计地去满足领导的要求，如果领导不考虑下属的面子，就容易使下属格外伤心，从而丧失继续努力的动力和勇气，有的下属甚至会自暴自弃或与领导反目成仇。因此，尊重下属的人格，并千方百计地去保护下属的自尊心，是领导者处理与下属关系的第一要务。

2. 以身作则。要求下属做到的事情，领导者必须首先做到，甚至做得更好，以起到示范的作用。比如，某公司的一位领导，一到下班时间就急着想回家，下班前还不忘记问一下下属最近老板交代的工作的完成进度，一边催促着快点完成，一边已经溜之大吉；还有一些领导总是把自己不愿意做的一些事情推给下属，并且美其名曰“考验”。虽说作为下级有为领导分担工作的义务，但是如果这种指派是以领导的身份强制压下去的，下属的心理状态自然是逆反的。

3. 正确对待下属的过失行为。圣人言：人非圣贤，孰能无过。在工作中，出错是一件很正常的事情，因此当下属有过失时，领导者既要给下属留情面，又要不失时机地予以处理，做到赏罚分明并重。具体而言，应注意：不当众责骂下属；与下属谈话时，不带蔑视的口吻和情绪；不扩大下属的错误和过失，不上纲上线；以平等的态度对待下属；尽可能体谅和容忍下属的过失，给下属创造改正错误的机会。

对于有过错的下属，领导者如果处理得当，会使下属和领导的关系更加亲近，否则会使下属疏远自己，甚至离心离德，有的会成为领导者的对立面，带来不利的影响。

4. 正面关注、积极激励员工。从理论上讲，每一个人在工作时都会有一个自己的目标，而群体也有群体的目标。领导者只有对员工加以关注，才有可能了解员工自己的目标。尽管我们已经习惯将共同目标作为全体员工应有的共识，但是每个人由于人生观和价值观不同、经历和教育程度不同、所处的社会地位不同以及考虑问题的角度和重点不同，对共同目标的接纳和执行程度也是不同的。因此，了解下属的想法，才能更有效地协调个人目标和群体目标之间的关系，避免因为它们之间的矛盾影响下属的积极性，导致既定的目标不能按时完成。

领导者要不断地积极关注并开发员工的优势、美德和性格力量，帮助员工激发积极情绪和正向思维，持续地激励下属保持工作积极性，做到持之以恒。认可是在激励员工时经常用到的一种方式。就像是小孩做了某种行为需要得到成人的夸赞和认可一样，员工和领导之间也存在这种心理关系。当员工完成了某项工作时，最需要得到的是上司对其工作的肯定。上司的认可就是对其工作成绩的最大肯定。在实践中，认可是最易被领导者忽视的激励方法，大多数领导者并没有对员工的成绩给予及时和足够的认可，因为他们也没得到来自上一级的充分认可。因此，要做到这一点并不是很自然的事情。其实，对于下属来说，这种认可远没有领导想象得那么复杂，它可以是一封电子邮件，也可以是一通私人电话，或者是在他人面前的一个简单的表扬，就可以满足下属获得认可的心理需求。

最后，别忘记了更重要的一条：和下属进行积极的沟通。沟通是一切工作顺利进行的前提，也是增进私人情感的一件秘密武器，还是领导工作的最重要的方式。在现代互联网高度发达的情况下，官网、官微等沟通网络都十分健全，因此领导如果想要和下属进行交流，增进彼此的了解，其实方式还是很多的，并不局限于面谈、打电话等传统沟通方式。

借用老子的一句名言：太上，不知有之；其次，亲而誉之；其次，畏之；其次，侮之。也就是说，最高明的领导，会让员工感受不到他的存在；次一等的会让员工亲近他、赞美他；再次一点的，会让员工畏惧他；最糟糕的管理者，是那种让员工都瞧不起的人。因此，妥善处理好和员工的关系，做下属眼中的好领导，对于一个领导者来说是非常有必要的。

第六节　危难时刻，你的朋友在哪里

什么是真正的朋友?

有人说：真正的朋友是在危难的时候能够挺身而出，为你受了委屈但是丝毫不抱怨；在你犯错的时候站出来指正你，哪怕会让你讨厌他；有了分歧，甚至吵架后仍能不计前嫌，主动讲和。

也有人说，真正的朋友是，在你幸福的时候会忘记他，在你难过的时候第一个想到倾诉的是他，在你想找人一起疯狂的时候想到的是他，在你需要帮忙的时候想到的还是他。在你濒临危境的时候想起他就会觉得温暖，因为他一定会为你挺身而出。

真正的朋友就是在你知道了他的种种不好之后，依然愿意跟他在一起的人，无论什么情况下只愿让他幸福开心，即便这么做是错的。所以，那些能在你遇到事情时提醒你、帮助你的朋友就显得尤其可贵。危难时刻，就是考验友谊的最佳时刻。

从前有一个人，非常仗义，义薄云天，年轻时更是劫富济贫，结交了不少天下的豪杰。

在他步入老年以后，有一天，他的儿子向他请教："父亲，什么是真正的朋友呢？"

他感慨地看着儿子，对儿子说："别看我自小在江湖上闯荡，结交的人如过江之鲫，其实我这一生就交了一个半朋友啊。"

儿子纳闷不已，用疑惑的眼光看着他。

老人贴在儿子的耳边交代一番，然后对他说："你按我说的去见见我的这一个半朋友，朋友的要义你自然就会懂得了。"

儿子先去了他父亲认定的"一个朋友"那里，对他说："我是某某（老人的名字）的儿子，犯了一桩案子，现在正被朝廷追杀，情急之下只好投靠于你，希望世伯搭救侄儿！"这人一听，不假思索，赶忙叫来自己的儿子，喝令儿子迅速将衣服脱下，穿在了眼前这个并不相识的"朝廷要犯"身上，而自己儿子却穿上了"朝廷要犯"的衣服。

儿子明白了：在你生死攸关的时刻，那个能为你肝胆相照，甚至不惜割舍自己亲生骨肉搭救你的人，可以称作真正的朋友。

后来，儿子又去了他父亲说的“半个朋友”那里，对他说：“我是某某的儿子，犯了一桩案子，现在正被朝廷追杀，情急之下只好投靠于你，希望世伯搭救侄儿！”这“半个朋友”一听，对眼前这个落难的“朝廷要犯”说：“孩子，这等大事我可救不了你，但我马上就给你预备好足够的盘缠，你远走高飞、快快逃命吧，我保证不会告发你……”

儿子明白了：在你患难时刻，那个明哲保身、但不落井下石加害你的人，也可称作你的半个朋友。

这是一个广为流传的关于“朋友”的故事，它告诉了我们一个道理：你可以广交朋友，也可以用心地善待朋友，但是绝不能苛求朋友也会给你同样的回报。这个貌似不合理的道理，其实正道出了朋友的真谛：朋友是需要用心去结交，但是不计回报的。

俗话说：“千金易得，朋友难寻。”真正的朋友并不是一出生就在我们身边的，而是需要我们用心去寻找的。两个相互不认识的人，从陌生到熟悉，再到成为朋友，这其中需要我们付出真心的爱与关怀，当你如此时，与你一样有心的人就会走进你的视线。

现代社会是一个信息社会，人与人之间的感情交流很多时候都在于信息的交流，一个从不与人交流的人会让别人觉得冷傲，难以接近，纵使有再大的能耐也只能“孤芳自赏”，很难得到别人的赏识。因为我们说人都是感情动物，如果平时不多联络联络感情，感情又从何而来呢？也许是一通简单的电话，也许是几个随意的问候短信，或者是来自远方的礼物，都足以使我们的朋友感受到我们的真诚与热情。

丹妮是一个赴美留学生，初到美国的时候，没有什么朋友，也没有什么社交圈。因为出来留学，家里经济压力很大，因此她必须利用每天的课余时间出去打工，每天除了上课，剩下的时间她都花在了打工上面。连续五天的学习和工作之后，周末她选择去郊外度假，放松自己。虽然没有太多的时间和精力回国探望亲人和以前的朋友，但她并没有因为见不到面就与他们冷落了关系。她选择了最简单的方式——打电话。有时候哪怕只是寒暄几句，有时是在等交通工具时的一种无聊消遣，然而就是因为这些电话，使得丹妮再次回国时依然和她的朋友感觉很亲切。

丹妮的经历带给我们另外一个启示，那就是要保持良好的人际关系，就必须经常和现有的朋友保持联系。联系得越多，储备的感情就会越丰厚，大家之间的心理距离也会越近。

为了保持友谊，请尽量做友谊中主动的那一方，不要让你的朋友默默离开。前面我们已经知道了和朋友联系的重要性。因此，当我们好久没有朋友的消息时，并不意味着他把你抛弃了。打电话给他们，发消息给他们，或做点别的什么。他们在等着你主动联系他们呢。老是等着人家来主动找你，是不现实的。你得让朋友知道你在乎他们，否则他们就会永远离开你了。人总会有段时间很忙。不过，一旦有可能，你应该花点时间和朋友聊聊。即使他只是和你瞎扯那些你毫不关心的事，你也要迁就，因为他们也会为你这么做。

朋友之间都会争论、会斗嘴，有时甚至会打架，但这些都不会导致向对方关上彼此的心门。在真正的友谊中，通常是有回头路的，你只需要找找看。友谊的伤口可以愈合，即使朋友做了对不起你的事。如果你发现朋友撒谎，或者在某些情况下背叛了你，如果你愿意，可以选择宽容，真正的友谊还是会幸存下来。孰能无过，记住这句话就不会失去朋友了。

最后，请记住千万别忘本。在友谊经受考验的时候，请想想最初让我们建立友谊的原因吧。就像我们在生活中永远需要记住我们从哪里来一样，回到最初我们相遇相聚在一起的根，它可以治愈伤痛，也可以为友谊带来重生。虽然要创造和维持一段友谊，需要做的事情还有很多很多，并且有些是只可意会，不可言传的。但是，只要我们努力了，我们就没有什么可后悔的。

所以，危难时刻，你的朋友在哪里？在你的“朋友”的概念里。

CHAPTER 07 第七章

克服心理障碍，培养良好人际关系

人需要人际关系，因为人的社会性决定了人都有和别人交往的需要，否则便会产生孤独、寂寞、抑郁、焦虑等不良情绪。然而，人的交往能力并不是与生俱来的，而是在后天环境的熏陶和有意识的培养下形成的。因此，要形成良好的人际关系，我们就需要从现在开始有意识地克服一些影响人际关系的心理障碍，提高自己与人交往的能力。

第一节　首先处理好与自己的关系

一位公共关系学老师在课堂上引导学生分别对自己和他人作出评价，然后再将同一个人的自我评价和他人的评价放在一起对比，结果发现：每一个人心目中的自己和他人心目中的自己之间存在着很大的不同。我国古人也曾经说过："知人者智，自知者明。"由此可见，一个人能够清楚地认识自己，进而准确认识自己与他人的关系，是一件很不容易的事情。

你与他人的人际关系如何？我们可以用一个心理测试来检验一下：

你走向一个熟睡的婴儿时，他忽然睁开眼睛，你认为接着他会有什么反应？

1. 笑

2. 哭

3. 眼睁睁地看着你

4. 完全不理你

测试结果："婴儿"代表的是人际交往中的"他人"，你想象中的他人的反应恰好代表的是你自己内心的想法。

选 1 的人，属于很自信的一类人，懂得和他人交往的技巧，交际手段也不错，因此很容易和他人打成一片；需要注意的是，不要过度自信，只陶醉在自己的世界中，忽略别人的感受、想法。

选 2 的人，比较没有自信，害怕和他人交往。因为深恐暴露自己的缺点，所以选择将自己包裹在人为制造的壳中裹足不前。如果能够再自信点，积极与他人接触，一定会发现交往并没有自己想得那么难，也会发现外面的世界非常美好。

选 3 的人，有些神经质，也就是说对人际关系相当敏感。他们非常在乎人际关系，也会小心翼翼地去维护。但是由于太过于在意别人的感觉、想法，不仅弄得自己精疲力竭，还给周围的人带来压力。这种情况下最好的做法是放松一下自己，以平常心来面对人际关系。

选 4 的人，相当孤僻，认为与其和别人在一起，还不如一个人来得快乐、自由，所以根本不愿、也觉得没必要踏入别人的世界。然而，无论是工作还是生活，我们都是不可能独来独往的，尤其是在一个团队中，所以需要好好调整自己。

在上面的心理测试中，我们用“婴儿”来代表他人，是具有一定的根据的。比如在日常生活中，我们会发现女性和男性在对婴儿反应的猜测中表现出很大不同，如绝大多数女性从不担心婴儿见到她们的第一反应是哭——这是因为在和婴儿的相处中，女性拥有比男性更多的自信。再如一般比较会逗小宝宝的人，心中产生“被讨厌怎么办”的不安感的概率就会比不会逗宝宝的人小得多。这是因为，婴儿由于内心极为纯净，对人内心的情绪反应会非常敏感。人心里的情绪总是会表现在脸上，或是从态度中流露出来，这种不安和不信任感被小宝宝感受到，小宝宝就会表现出相同的情绪。

换句话说，决定我们人际关系状态的，其实并不是和我们交往的那个人，而是我们自己。我们只有正视了自己，才有可能正视我们的人际关系。一个人想当什么样的人，就会建立什么样的人际关系。有些人虽然“自我感觉”良好，优越感极强，别人却不以为然，不是因为别人不懂得发现他的优点，而是因为没有人愿意和一个时时处处都想显得比别人强、“高人一等”的人相处。这样的人因为自身的优越感，说话做事时难免会表现出盛气凌人、居高临下的姿态，然而在平等交往的人际关系里，没有一个人不希望被对方尊重，也没有人会心甘情愿地被他人歧视、瞧不起。结果，这类人理所当然会被敬而远之。

这些人因为过高地估计了自己，所以很难发现自己身上的缺点和别人身上的优点。在和他人发生矛盾时，总是把责任归咎于对方。更有甚者，明明理亏，为了维护面子还要强辩，这样的人即使没有矛盾发生，也会与人关系紧张。反之亦然，一个人如果在与他人交往时，将自己看得过低，对于别人提出的要求全盘被动接受，这样的人不仅在人际交往中被动，同时因为对自己的轻视也很难获得他人的尊重。他们虽然表面上不会与人关系紧张，但实际上同样无法与他人建立正常的人际关系。因此，正常人际关系的确立，其实是从我们自己开始的。

从行为上讲，一切从自己做起，才有成功的希望。儒家讲：“己所不欲，勿施于人”，还讲“严于律己，宽以待人”。现代人却偏偏要将这些原则反过来，“多要求别人少要求自己”，多注意别人如何如何，却很少去反思自己有没有做得不到位的地方。这也是人际关系中普遍存在的一个问题。

比如，我们前面讲过，真诚是建立良好人际关系的基石。换个通俗的说法，就是我们讨厌彼此之间骗来骗去，也经常标榜自己从来不会欺骗别人，但欺骗无大小，哪怕是生活中的一些小事。

办公室的电话铃声响了，小王接起电话，电话那头传来一个男性的声音：“您好，我姓李，找一下张某某先生。请问他在吗？”

小王用手捂住话筒，对张先生说：“张先生，有你的电话，是一位李先生打来的。”

张先生一听，连忙告诉小王：“你告诉他，就说我不在。”

这种场景是不是很熟悉？这是我们在生活中常用的一种“伎俩”，当我们不愿意面对某个人或者某件事情时，就会用这样的“欺骗”来暂时圆过去。这难道不是欺骗吗？如果此时你是电话另一头的人，心中又会做何感想呢？所以，不要责怪别人欺骗你，也不要责怪别人敷衍你，我们要学会检讨自己，是不是我们也曾经对对方做了这样的事情呢？

很多时候，决定我们人际关系的其实正是建立在这些日常小事之上的、我们留给他人的“印象”。我们习惯于用过去的经验对其他人进行判断，也习惯于根据一两次的交往来对一个人草率地下结论。对于从小就听着“狼来了”的故事长大的我们来说，不可能不明白其中的道理。每一个人都会被别人贴上一张看不见的标签，上面清清楚楚地写着我们的性格和人品。这将决定我们在其他人心目中的地位高低，也决定着我们彼此之间人际关系的好坏。为此，我们必须从一开始就对自己负起责任来。

正如前文的那个测试，在建立人际关系前，我们有必要首先想想自己要做一个什么样的人。是像古代忠义之士那样，为正义牺牲在所不辞，言他人所不敢言、为他人所不敢为？还是低调点做个老好人，老老实实地保住自己所谓的那份安全？抑或做一个对什么都无所谓的人，“事不关己，高高挂起”，只要不涉及自己的利益，不管任何事情都无须过问？通过观察，我们会发现绝大多数人都在这三类人之列，他们各自的人际关系乃至是命运都各不相同，第一类人或许因为过于刚烈而遭受比他人更多的挫折；第二类人最为常见，却也最没有“存在感”；第三类人冷漠了别人，别人也冷漠了他。那么，我们自己呢？我们又属于哪一类人，或者想做哪一类人呢？

可能有人会说，第一种做不起，第二种活得太憋屈，第三种又做不到。是的，尽管人可以大致被分为这三种类型，但是每一种人身上都有着各自的一些“缺陷”，一些有自知之明的人也在努力地想办法去弥补这些缺陷，最终成了“三合一”型的人——没错，这才是我们大部分人想做的类型。由于我们很难把握哪个特质多一点、哪个特质少一点，因此我们又各自不相同。从社会的角度而言，我们也的确需要这样一种理想的人格类型，即在需要坚持原则的时候坚持原则，需要听话时听话，需要洒脱时洒脱。这就是我们努力的方向。

此外，经营自己的人际关系，我们还需要处理好自己和自己的关系。和自己处好关系，听起来简单，做起来却很难。我们要和自己搞好关系，首先就得全面地接受自己，只有接受自己，才能使自己的身心得到充分的、健康的发展，然后获得和谐的人际关系。接受自己离不开了解自己。我们大概每天都会照镜子，每当我们面对镜子的时候，你对镜子中的人是喜欢还是厌恶？一个不喜欢自己的人，也很少有人会喜欢他。可事实上就是有很多人对自己不满意，在这个问题上很多人都喜欢走极端。要么是看自己哪儿都不顺眼，要么就是极度的“自恋”。这些都不利于我们正确地评价自己，也不利于我们全面客观地接受自己。如果哪一天我们的心态开始发生改变，我们开始接受自己了，然后慢慢地，我们就会发现，大家也都开始接受你了。我们良好的人际关系就建立起来了。

敢于正视自己的人，才能够将自己剖析得更全面，才能够理智地看清自己。因此，正视自己，正是我们经营人际关系需要克服的第一个心理障碍。

第二节　树立正确的人际关系理念

假如有这样一个选择题：人际关系中表现自己重要，还是给对方留下一个好印象重要？很多人可能要疑惑了。难道表现自己不正是为了给别人留下一个好印象吗？这句话本身没有什么问题，问题是我们在表现自己的时候往往忽略了自己表现的初衷，而给对方留下了错误的印象。因此正确的人际关系理念应该是这样的：人际交往并不是为了表现自己，而是要给对方留下一个好的印象，让对方觉得自己为人不错、富有魅力。

围绕着这样一个理念，交往会变得很不一样。我们可以给对方留下什么样的印象呢？例如，我是一个可以坦诚交流的人，与人交流起来没有什么障碍；别人从和我的交流中可以得到快乐——我们可以采取善意的赞美、恰如其分的建议、发自内心的共鸣，甚至是赠予礼物或者其他方式，总之是一切可以让对方感到快乐的方式；还有人生观方面彼此高度契合；等等。我们需要深刻地认识到人际关系的核心问题不是为了说服对方和自己的想法一样，而是需要让对方吐露心声，并从中找到可以交流的切入点，加以发挥，为自己的印象加分。

因此，正确的人际关系理念首先体现在满足他人表达的需要上。倾吐自己的想法，是每个人的本能，不仅我们需要，对方也需要。所以，在人际交往中我们一定不要幼稚地以为，在满足自己表达愿望的同时，就可以建立人际关系了，我们还需要满足对方倾吐的愿望。人际关系是在倾听中建立起来的，而不是在自己的喋喋不休中。

另外，正确的人际关系理念还体现在处理人际冲突的过程中。学会倾听，只是为人际关系的培养建立了一个良好的开始，但是由于人际关系常处于一种不断发展变化的过程中，因此也比较容易产生人际冲突。这时，我们处理人际冲突的模式就决定了我们以后人际关系的走向。一般而言，和谐的人际关系给人带来愉悦的感受，人际冲突则常常产生负面感受。在自然状态下，人们的行为选择倾向于追求快乐，回避痛苦。因此，人们都想尽可能地回避这种人际冲突。但是事实上，在与人相处的过程中，人际冲突是难以避免的。价值观不同、目标不一致、处事风格不同、角色分工不明确、沟通技能不足、资源有限等，这些因素都可能引发人际冲突。

而我们常说观念引导行动，一个人如何看待人际冲突，很大程度上就决定了他会如何去解决人际冲突。生活中我们时常听到类似的抱怨："因为某某的错误，才会造成这种局面。"（引起人际冲突）发出这种抱怨的初衷可能是为了所谓的面子，也可能是出于争强好胜的心理。殊不知在我们去这样做的同时也为我们的人际关系埋下了祸端；也有人为了避免人际冲突，选择忍气吞声，做着许多违心和令自己委屈的事情，自己受委屈不说，别人还不领情。这些都属于对人际冲突的认识不合理所导致的。对于人际冲突，我们需要认识到，人际冲突是不可避免的，合理解决人际冲突是对自己人际交往能力的一种锻炼。

在树立了正确的人际冲突观念后，我们只需再掌握一定的沟通技巧，就可以有效地化解人际冲突。有人曾经将人际沟通的风格分为被动型、攻击型和自信型三种类型。被动型的人常常秉持"安全第一"的人生哲学，心理边界不强，说话声音柔弱，不愿意表达出自己对所遇事情的不满，他们希望用自己的委曲求全来回避人际冲突，事实上却会因为过于没有存在感而招致别人"得寸进尺"；攻击型的人说话时嗓音洪亮、咄咄逼人，他们总是喜欢强迫别人接受自己的意见，把自己的幸福建立在他人的痛苦之上，在他们的心里自己是最重要的。这样的人心理边界往往很强，自己的"领地"绝不容许别人随便踏入。可想而知，从长远来看，人们也只能对其敬而远之；自信型是处理人际冲突时的一种理想型沟通风格。自信型的人在保护自己权益的同时，也不损害他人的利益。他们注重理性解决人际冲突，坦诚表达自己的感受，尊重对方，试图达成共识。在沟通时既不会违背自己的情感和原则，也很注重对方的感受。这种沟通风格有助于人们在互相了解和彼此的袒露心扉中慢慢成为朋友，化解原本的人际冲突。

显而易见，自信型的沟通风格正是我们化解人际冲突所需要掌握的。要做到这点，首先，我们需要在交往之前明确自己的利益或者目的，只有将自己的利益明确，我们的心理边界才可以彰显，这样就建立了自己在冲突中的底线。其次，在沟通中保持自信，学会忠实于自己的感受。一个忠实于自己感受的人，是一个不欺骗自己情感的人，这样的人最真诚，也最容易赢得他人的尊重。最后，学会认同他人的正确意见。人们常常陷入一个误区，那就是正确的意见都是出自自己之口。其实，只要是意见正确，只要是有助于彼此之间的交往，这样的意见究竟出自谁之口又有什么关系呢？大度地去赞美对方的优点，不仅可以拉近彼此之间的情感距离，同时也容易让对方感受到你的自信和诚意。

树立正确的人际关系理念，还要注意区分一些容易混淆的概念，避免走入人际交往的误区，如区别真诚和说实话。我们说人与人之间的交往必须真诚，不能说假话，更不能虚伪。但是真诚不一定等于说实话。举个例子，你的一位朋友买了一件她自认为非常漂亮的衣服，高高兴兴地跑到你跟前，问你："快看，我这件衣服怎么样？"在你看来，这件衣服一点也不符合她的身材和长相，这时你告诉她："这衣服太糟糕了，根本不适合你穿。"这样的说法并不合适。这是一种非常幼稚的做法，只能存在于未经世事的儿童身上。

而现在的问题是，我们已经是成年人，不是儿童。成年人会有自己的考量，这时候我们再也不能用“孩提时代的纯真”来思考问题了。面对对方的兴高采烈，我们适当地称赞几句又有何妨呢？毕竟，人的审美观是有差异的，你看来不好看的，他人未必也这么看。再说，我们表达的不仅是对于那件衣服的意见，衣服背后的人才是最重要的。成年人之间的交往不仅需要真诚，还需要艺术，因为人际交往就是一门艺术、一门学问。

再者，交往艺术和虚伪也是有差别的。二者的本质区别在于，交往艺术是建立在真诚的基础上，根本目的是促进人际关系的和谐发展，而虚伪仅仅是为了谋取个人私利。

此外，在人际交往中，我们还要注意区分友谊和人际交往的区别。不可否认，人际交往可以产生友谊，但是人际关系从其本质上来讲只是代表你与他人之间的关系，可能产生友谊，也可能只是一种不错的关系。即使是彼此之间的关系不错，但也不一定代表着存在友谊。因此我们不能将友谊的标准强加在任何一种看似不错的人际关系之上。在尚未确定二人之间是否存在友谊时，我们不能希望别人像友人一样主动地关心和理解自己。

我们要始终明白友谊和人际关系之间的差异是很大的。人际关系建立在人际交往中，是大家为了达到一定的目标而在彼此间进行的交往。因此大家都比较客气、注重礼节，在必要时，也能根据需要对自己的需求和行为进行合理的调整；而友谊则是两个人之间的交往，比较随意，亲密无间。我们对朋友可以提要求，但对人际关系不错的人——我们姑且称之为熟人，却不可随便提要求；对待朋友，在他做错时，我们可以坦率地提出意见和批评，却极少有人会这样去对待所谓的熟人；我们可以和任何人交往，但不能期待大家都成为自己的朋友。毕竟，在大多数情况下我们进行的其实都是一般的人际交往。

在了解和确立了以上人际关系理念后，我们还有什么顾虑的呢？马上去放心大胆地展开自己需要的人际关系吧。

第三节　腼腆没有什么大不了的

在生活中大家经常会把不善交际和性格内向联系起来。性格内向的人真的就不善交际吗？人们得出这个结论并不是没有一点道理的，至少，性格内向的人在与人交往时经常会表现得腼腆，仅此一点就会大大影响我们人际交往的效果。

然而，不管是内向还是因为内向所表现出的腼腆，它们都属于我们性格中的一些先天禀赋，我们既需要正确地看待它们，同时也要明白只要我们有意识地去塑造自己的个性，个性是会发生改变的。诚然，对于一个人的性格和日常表现而言，先天素质会产生很大的影响，如有些人性格内向，说话时就会低声细语，见到生人也会脸红，并且做事情时常会有胆怯的心理。但是，先天素质并不是造成内向和腼腆的全部因素，教育和自信心这样一些后天形成的因素也会影响人们的表现。关于教育方面的影响，我们通过观察一些成年人就可以发现，那些在童年早期没有得到很好引导的人，到了青春期以后，随着自我意识的逐渐成熟，当他们对周围人的评价开始变得敏感时，他们就开始变得胆怯、拘谨；缺乏自信心也是造成腼腆的一个重要原因。有些人总认为自己没有迷人的外表，没有过人的本领，属能力平庸之辈。这种状况不仅使他们长期体验不到成功的喜悦，而且也会导致他们更加不相信自己的能力。有许多调查研究结果都表明，低估自己导致的认知偏差常常是导致腼腆最为重要的后天原因。此外，挫折的经历也会导致腼腆。据统计，约有 1/4 的腼腆害羞的成人在儿童阶段都曾开朗大方，交往积极主动，但由于他们在学习生活中曾经受挫，因而变得胆怯、消极被动。

综上，造成一个人腼腆的因素有很多。虽然我们已经认识到它属于一种正常的心理现象，但如果一个人在任何场合与人交往时都非常腼腆，甚至是不敢或不愿与人交往，那么他的正常人际关系就会受到影响。一个在与人交往时表现出腼腆、动作扭捏、不自然、脸色绯红、说话音量小等特征，内心一般都是非常排斥和他人交往的，他在正常的人际交往中往往更倾向于采取回避的态度。由此可见，腼腆已经成为影响人们正常交往的一大心理障碍，他们会因为无法正常表达自己的感情，造成交往对象的不理解甚至是误解，使交往以失败告终。这种结局将间接地导致他们的情绪与性格朝着更消极的方向变化，由此产生的沮丧、焦虑与孤独感会使他们变得更加软弱、退缩和冷漠。

以上所述是一个我们都不愿意看到的结果。如果说由先天性格所导致的腼腆令我们感到沮丧的话，另一个观点或许可以令我们重拾信心：性格是可以塑造的。有人谈到性格就说它与遗传因素有关系，说“生就的脾气，长就的命”，改不了的，其实不尽然。并且现今已有许多理论可以支撑我们的观点。

如英国心理学家艾森克的人格维度理论。艾森克认为人的性格建立在一条长长的维度上，维度的一极是外向，另一极是内向，但是在维度中间还有许多等次。艾森克同时认为极端内向和极端外向的人都只占少数，而大多数人是综合性的，或者偏内向些，或者偏外向些。艾森克的人格维度理论的提出对心理学界的影响很大，受艾森克的影响，许多人都认为人的性格是可以通过有意识的塑造在维度上移动的。

无独有偶，日本学者长谷川洋三也认为，人的性格是可以通过行为改变的。我们都知道，性格一般是在人的童年期塑造出来的，而且在塑造的过程中，心理环境尤其重要。关于这一点，心理学家曾经做过一个“情感剥夺实验”：把一同生下的小猴子分成两组，一组放在铁笼子里，用奶喂养，什么也没有；另一组为它们用长毛绒做了个假妈妈，吃完奶后它们可以在假妈妈身上玩。实验结果表明：小猴子慢慢长大后，没有假妈妈的这一组胆子比较小、脾气暴躁、不合群、与人不容易接近；有假妈妈的这一组正好相反，不胆小、合群、与人容易接近。这说明在婴幼儿时期，特别是儿童时期被剥夺母爱，儿童的性格很有可能发生扭曲，造成不好的行为和个性表现。情感剥夺实验说明在婴幼儿时期为孩子营造良好的心理环境，对一个人形成良好的性格是很重要的。

这个理论和实验同时带给了我们另外一个启发：我们一定要注意培养儿童的良好行为，以帮助他们养成一种健康的性格。我们应该在日常生活中培养性格，现实生活中的许多事例都证明，孩子幼小时是培养健康性格的黄金时期。家庭中父母及其他成员对孩子性格的形成有很重要的影响。比如，一位母亲是强迫症患者，有洁癖，怕脏。她有一对双胞胎，把孩子从幼儿园接回来，总是马上就给他们洗脸、洗脚，洗完后放在床上，不许下地，不让他们和邻居家的小孩子接触。这是一种典型的建立在完美型人格上的“强迫性人格”。这样的妈妈教育出来的孩子也极有可能会出现强迫行为。

还有一种“阈限理论”也打破了性格定型后一成不变的结论。“阈限理论”认为刺激超过了阈限的值以后，就可以使人的性格发生变化。孩子先天的个性、素质只是奠定了基础，孩子以后的发展道路是漫长的，性格和之后的生活经历也有关系。比如，一个孩子很胆小、不愿与人交往，后来的工作环境是在军队里，这是个集体，需要他与人交往，需要参加许多集体活动，甚至残酷的斗争，这样的环境就会使他变得坚强、开朗、豁达；又如，一个很开朗的人、很爱笑的人，到了一个严密封锁的环境中，不允许和别人相处，最后，他也可能变成一个沉默寡言的人。所以环境影响着人的心理活动，同样也影响着性格的形成。

由此可见，生活、环境、时间都是性格最好的雕塑师。我们每个人也应该树立一个为塑造健康性格而努力的良好心态。即使我们是内向的人，即使我们性格之中原本的消极因素比较多，但是既然性格是可以塑造的，我们为什么不尝试着去作出努力呢？对此，我们不妨从见面打招呼开始，见面点点头、问个好，天长日久，大家就会觉得某某变了，喜欢和人说话了，这样的鼓励不仅是对我们改变的成效的见证，同时也会大大增强我们之后进行人际交往的信心和能力。

除了通过培养健康性格来改变人际交往中的腼腆表现之外，我们还可以用一些卓有成效的方法来帮助改进腼腆心理。比如，用一种新的思维代替之前的传统思维，不要过于在意其他人的行为或者评价，用自由洒脱来对抗内心的胆小谨慎；又如，与人交往时，通过积极的心理暗示——“我一定可以的”，克服自己内心的不自信，让自己的行为朝预想的方向发展；再如，有意改变自己不敢直视他人眼睛的胆怯心理，在与人交谈时，通过直视对方眼睛，让人感受到我们的自信和坦诚；或者用一些开放性的话题来帮忙应对人际交流中遇到的困难，一些开放性强又轻松随意的话题，不仅可以营造一种良好的谈话氛围，同时也有助于缓解自己内心的紧张情绪，将注意力从自己身上转移到对方的身上。

总而言之，不必把自己性格内向或腼腆、害羞当作一个包袱，因为每个人的性格和气质都有所长，也有所短，只要在实际生活中努力发挥自己的优点，克服自己的缺点，就可以收获属于你自己的良好人际关系，而且还会拥有成功的人生。

第四节　克服怯场心理——并不是只有你会这样

当我们孤身一人处于某种公共场合时，当大家的目光都聚焦在我们身上时，我们是否会突然变得语无伦次、心慌气短？这就是怯场，但是不要过于担心，因为并不是只有你会这样。

1928年，大散文家沈从文被时任中国公学校长的胡适聘为该校讲师。二十六岁的沈从文虽然只有小学文化，来到上海的时间也不长，却以灵气飘逸的散文震惊文坛，在当时已颇有名气。

然而名气不是胆气。当沈从文第一次走上讲台，看到慕名而来听课的众多学子时，他呆住了，一句话也说不出来。原先准备好的要讲至少一个课时的内容，被他三下五除二地十分钟就讲完了，但是这时离下课时间还早呢！沈从文没有为了所谓的"面子"硬撑着天南海北地瞎扯，而是老老实实拿起粉笔在黑板上写道："今天是我第一次上课，人很多，我害怕了。"全场爆发出一阵善意的笑声。

面对沈从文的坦言与直率，胡适非但没有责怪他，反而认为讲课"成功"了。因为坦言失败也是需要勇气的，而且只有具有光明磊落的胸襟和正视自我勇气的人才可以做到。受到胡适鼓励的沈从文正视了这次"失败"带给自己的教训，找到症结，苦练基本功，终于在一段时间后可以从容地讲课了。

不止是沈从文，许多名人都曾有过这种怯场的经历。曾经做过英国首相的丘吉尔当年曾在演讲台上脸色发白、四肢颤抖，直到被轰下台去，以至于留下了严重的心理阴影，每次遇到演讲他都觉得胃里像放着一块冰；林肯在最初走上演讲台时，恐惧得甚至连一句话都说不出来；美国的雄辩家查理斯初次登台时，两个膝盖抖得不停相碰；印度圣雄甘地首次演讲时不敢看听众；大科学家牛顿也承认自己在演讲前发抖不已，大喊大叫……名人尚且如此，更何况是身为平凡人的我们呢？

至于人为什么会出现怯场这种情况，心理学家认为这是和人的自我意识发展是紧密联系的。个体进入青年期后，由于自我意识的发展，会表现出一种强烈要求摆脱父母、师长等的愿望，他们希望可以独立地观察、分析和体验社会，并且依靠他人对自己的评价以及自我在别人心目中的“形象”来验证自己的能力。出于这种心理，他们会特别需要得到别人的承认，但同时又经常担心和怀疑自己的言行能否得到别人的认可。这种心理状态再加上缺乏临场经验，使得在一些社交活动中，特别是在自己不熟悉的环境中，就会表现出不自然、腼腆甚至怯场的情况。

另外，怯场还与个人的性格有关，一般来说，性格内向和抑郁型气质的人会较多出现这种情况。性格内向的人一般都比较胆小、不善与人交流，越是如此，遇到需要交流的场合就会越紧张，产生怯场的情况。抑郁型气质的人也是如此。

再者，造成怯场的原因还有内心存在的自卑感。自卑感容易让人的内心产生“我不如别人”的想法。自卑感虽然表现形式不同，产生的原因却是多样的，有些是生理方面的原因如个子矮、肥胖、五官不端正、口吃、病弱等；有些是智力上的原因，如记忆力差、思维不灵敏、学习不如别人；还有些是性格上的原因，如孤僻；再有就是思想上的原因，如受了挫折后自暴自弃；等等。

对于以上原因造成的怯场心理，克服起来虽然比较困难，但还是有方法的。首先，我们可以尝试着先去清除自我意识中的一些消极因素，如对他人的客观反应过度敏感。我们说对他人的反应保持敏感度是正常的，但若敏感度超出常态，则容易造成对自己心理上的束缚。要避免这一点，我们就必须实事求是地了解自己和所处的环境。例如，当一个人在面对提问时有怯场的表现时，那么他应首先问自己：“我没记下谈话的内容吗？”“我每次都不能回答别人的问题吗？”如果不是这样，就应该明白自己的担心是多余的。如果回答是肯定的，则可以通过加强注意力练习和改善参与沟通的方法来提升自己此方面的能力。

其次，对于自我个性中的一些消极因素进行努力改造。性格和气质的形成既包含了先天的因素，同时也离不开后天实践的塑造，并且后天的实践往往起到的作用更大，许多名人都是通过后天的不断努力和勤奋练习克服掉自己的先天不足的。如古希腊著名的演说家狄摩西尼斯，他小时候是个性格懦弱、十分腼腆的孩子，在众人面前一说话就口吃。为了改掉这一毛病，他常常独自跑到海边，站在岩石上面对大海，以拍岸的巨浪做听众，练习演讲，经过刻苦的努力，他终于改掉了自己性格中的短处，成为成功的演讲家。

最后，我们要敢于正视自己的短处和缺点，克服因认为自己不如别人而产生的自卑感。许多对我们造成困扰的顾虑其实都是多余的，没有一个人是十全十美的，身体有缺陷的人也可能才能卓著；一个不懂得吃西餐的人也并不一定不能在其他社交场合游刃有余；一个优秀的运动员可能对电子设备一窍不通；一个科学家也可能根本不懂得欣赏音乐；等等。这些次要和个别的不足并不能导致人们对他成绩主要方面的否定，因此我们也无须因为自己的“不完美”而顾虑重重。

除了心理上和主观上树立一种正确的认识外，我们也可以通过一些有意识的引导和训练来提高自己的临场发挥能力，增强自己的自信心。产生怯场心理，往往是因为对自己不自信，怕做不好，会在别人面前出丑，没有面子。事实上我们越是这样想，心情就越容易紧张，表现自然也会不尽如人意。如果我们可以在每次紧张时学会放松心情，告诉自己“我能行”，相信自己的能力，这样可能会好很多；同时我们也可以暗示自己即使做不好，也没有什么大不了的。

正所谓“艺高人胆大”，如果我们实在是担心自己会出丑，那么不妨在平时多增加知识的积累。就像我们做自己熟悉和擅长的事情一般不容易怯场一样，如果我们的知识渊博、能力超群，那么一切不足都是很容易克服掉的。有了丰厚的知识积累，即使自己心理上稍有紧张，但是只要克服掉这种心理一切就可以水到渠成了。因此加强知识积累，提高自己的能力，也是我们克服怯场的一个有效方式。

克服怯场，我们还可以使用一种心理战术：“藐视”面对你的人。许多时候我们之所以怯场是因为太过于“看重”自己的观众，如对方位高权重、是某个方面的专家等。日常生活中我们常遇到这样的情况：在自己熟悉的人面前可以滔滔不绝、侃侃而谈，但是同样的话到了另外不熟悉的或正式的场合却说不出来了。这些都是因为过于“看重”自己的听众因此产生心理压力所致。遇到这种情况，我们大可以把他们看成“水果”“蔬菜”之类，要知道人与人之间都是平等的，没有人比别人高人一等。当我们把自己的地位放在平等的基础上时，那些困扰我们的手忙脚乱、吞吞吐吐也就消失了。

当然，要做到挥洒自如，平时还要有意识地对自己的社交能力和交谈能力进行强化训练。抓住一切可能的机会努力去扩大自己的交际圈，与更多不同类型的人进行交往——你经历的场合越多，就越容易在再次遇到它时变得熟悉、游刃有余；在一个人没事的时候也可以自言自语，和自己进行对话训练，当某些话已经练习得很熟练，话到嘴边不说出也难；在生活或者是工作中遇到锻炼的机会时，也要踊跃表现，积极发言，从一个熟悉的圈子到不熟悉的圈子过渡的好坏全在于平时锻炼的多少；最后，坚持每天看书、朗诵，也不失为一种很好的训练方法。

千里之行，始于足下。没有人是天生的演讲家，会怯场的也不止你一个，只要我们记住了这点，再加以刻苦的训练，相信一定能够克服怯场心理，踢开这个影响我们发展人际关系的绊脚石。

第五节　不要让嫉妒和偏见影响你

嫉妒和偏见是两种常见的影响我们人际关系的消极心理，也被称为人际关系“杀手”。它们让我们无法客观公正地对一个人进行评价，进而影响了彼此之间人际关系的发展。其中，嫉妒的影响尤大一些。

嫉妒是一种因他人与自己有相似的目标，而又担心对方会取得影响自己地位的成就而产生的一种非正当的不舒适感。这种不舒适感产生的原因很多，但大都与不确定和不安全感相伴。举一个日常生活中常见的例子：两个男生同时喜欢一个女生，但是由于某些原因，女生与其中的一个男生走得近一些。这时，另一个男生心里产生的那种不舒适感就是嫉妒，而他产生嫉妒的原因则是因为女生与另一名男生走得近后让他感受到了威胁——害怕女生投入另一个男生的怀抱，同时因为不确定两人之间的具体关系，内心产生的焦虑不安情绪也会大大促进嫉妒情绪的生成。因此，许多人在危机发生前都会想先确定自己是否处于安全状态，如前面提到的男生可能会迅速调整自己的策略。然而人生最大的不确定性正在于未来是没有人可以掌握的，即使没有第三者介入，也无法保证我们的另一半对自己永远不会变心。

此外，嫉妒的产生也是因为人都是情感丰富的动物。因为情感丰富，所以我们常用“自以为是”的方式去处理事情，却造成适得其反的结果。例如，我们可能会强迫另一半眼中只能有自己，或不断地使眼色暗示他不准再跟别的异性讲话。刚开始可能奏效，但日子一久，我们的另一半可能真的会感到厌倦。他甚至会认为我们的嫉妒心真强。真正起作用的不是我们的嫉妒心，而是我们丰富的情感。嫉妒心强只是外在的一个表现而已。

嫉妒心产生的原因也可能是由于人们内心对自我的要求过高。心理学家研究证实，嫉妒心较强者，内心对自我要求一般都比较高，因而产生不安全感，导致各种嫉妒行为的发作；同时由于现实条件达不到自己给自己树立的目标，所以又会产生不自信的感觉。这实在是一种非常复杂的情绪。

如果我们可以换一种想法，结果可能会大大不一样。让我们来想一想：每个人都是一个独立的个体，我们不可能完全属于或拥有任何人，就算是夫妻，也不能完全拥有对方。真爱应该是建立在互相尊重及个人自由的基础上的。当然，这需要双方的共识与承诺。那么，我们为什么又要强迫自己或者是别人去做一些违背自由意志或者内心意愿的事情呢？为难别人的同时也为难了我们自己。当我们对自己要求过高时，嫉妒就会悄悄上身。嫉妒正是因为有了不满足以及不满足背后的害怕被超越而产生的。

尽管我们都已经了解嫉妒是一种消极的影响我们人际关系的情绪，但是它的存在还是具有很大的普遍性。因为，嫉妒是一种自然而然的情绪，对别人产生了嫉妒也并不可怕，关键在于我们怎么去看待嫉妒，或者说正视嫉妒。

正视嫉妒，我们首先需要全面认识嫉妒的意义。嫉妒虽然在更多的时候发挥的是消极作用，如嫉妒会使人失去理智、口出恶言、怨恨别人、诋毁别人等；嫉妒也会让我们变得心胸狭隘，凡事只想着自己的利益。然而，嫉妒并非像我们想象的那样只有消极意义，它还有积极的一面。莎士比亚曾经把嫉妒比作爱情的卫道士。的确，我们的恋人如果反对我们同别的异性进行接触和交往，正是反映了他对我们真切的爱。反之，如果他从不“吃醋”，那么彼此之间的爱情恐怕还处在很低的水平，或者已经到了危险的地步。因此，嫉妒在爱情里面还是有一定的积极意义的。同样，在面对其他情况时，如果嫉妒能够转化成为前进的动力，则其意义就是积极的。

除了将嫉妒的意义转化为正面的之外，克服嫉妒可以从以下几个方面入手：如转移注意力，当我们有很多事情要做时，我们就无暇去嫉妒别人了。因此，我们要积极参与各种有益的活动，努力学习、勤奋工作，使自己真正充实起来，那么，嫉妒的毒素就不会在心中滋生、蔓延；我们也可以为了缓解嫉妒的情绪，找一些借口来安慰自己，如“我的运气不太好”之类。给自己一个借口，自己的内心也可以轻松一点；还有一点就是多关注自己身上的优点。一个人在嫉妒别人时，总是注意别人的优点，却不能发现自己比别人强的地方。其实任何人都有不如别人的地方，因此当别人发挥其所长超越我们时，我们大可通过在下次自己擅长的活动中获胜来证明自己，以此恢复心理上的平衡。

克服嫉妒，还要注意区别“嫉妒心”与“嫉妒行为”。有嫉妒心很正常，但是如果在嫉妒心的驱使下做出了嫉妒的行为就不好了。就像“内心生气”与“表现敌意”不同，“心里嫉妒”与“表现出嫉妒”也是有本质差别的。一般来说，后者比前者更容易使人际关系恶化。当你觉得心里不舒服或开始表现出嫉妒行为时，不妨深呼吸，告诉自己：“我知道我现在开始嫉妒了，但是到此为止，不要做出任何破坏彼此关系的行为！”情绪是能自己掌控的，我们有能力去控制用何种方式表达自己的情绪，这会让最后的结果完全不同。

在这里，我们还要注意千万不能被嫉妒心所奴役。当嫉妒上身时，不要任由它在我们心中蔓延，但也不需要急着甩开这种本能的情绪，只要不把重心放在负面的情绪上，它就不会影响我们的生活。我们可以试着接受，并与自己的嫉妒心和平共处。当我们意识到自己开始嫉妒时，一定要停下来，观察当下的心情和想法。到底是什么让自己感到不舒服，是自己钻牛角尖的猜想，抑或事实呢？我们常单方面猜想，从而让自己生气不已。但是等到恢复理智，我们又会明白现实和猜想是完全不同的。因此，处理问题的关键就在于当嫉妒上身时，我们能否控制住自己，不被突如其来的嫉妒心所俘虏。

与嫉妒心是一种普遍的心理相类似，在现实生活中，对他人产生偏见的现象也随处可见。我们因为偏见对他人形成定式思维，不仅给他人造成了困扰，也影响了彼此之间人际关系的良性发展。

偏见的产生一般有以下三个方面的原因：一是“先入为主”。根据肤浅的“第一印象”进行判断，只要第一印象好，就认为此人好，愿意热情接待；若第一印象不好，就认为此人很差劲，对其冷眼相待、漠然处之。二是“循环证明”，人际交往是感情互通的过程。对他人友好或不友好的态度，都会得到对方相应的感情反馈。若我们对对方的第一印象不好，消极的想法就会在彼此日后的交往中自动得到进一步的证实，使双方的交往热情继续下降，这又反过来恶化了最初的印象。三是“片面推理”。如果有人经济拮据，手头钱少，就无端地推测他可能见钱眼开，甚至有点手脚不干净，也就是人们平时所说的“门缝里看人，把人看扁了”。

纠正自己对他人的偏见，我们可以从以下几个方面入手：一是正确对待“第一印象”，不被肤浅的表面印象所迷惑，尤其要避免“以貌取人”；二是真诚友好地对待他人，不戴有色眼镜看待人和事；三是将心比心，进行心理位置的互换，从情感上体会偏见的危害，理智地消除对他人的固有偏见。

对他人产生偏见，其实就是一种狭隘的心理在作祟。所以，要消除偏见，就要从思想上彻底改变，采取积极的态度，扭转自己心目中对他人的片面印象。这不仅是对他人负责，也是对自己负责。因为清楚地认识自己和准确地了解别人，是不断地增强人际吸引力的重要条件。一个人如果能表现出与交往对象相似的政治主张、社会态度、价值观念、兴趣爱好等，就能使对方产生亲密感；另外，一个能够较好地满足交往对象个性需要的人，也会产生强大的人际吸引力。

正如希腊作家斯托贝的一句非常精辟的名言——“财富不是朋友，而朋友却是财富”，每一个尽管不甚完美的朋友都是我们人生中的一笔宝贵财富。不要让任何不良的情绪影响我们与他人之间的交往，因为说不定这里面就有我们未来的朋友呢？怀着一颗宽容的心，去接纳、包容身边的每一个人，这样我们不仅会收获友谊，同时也会收获人生中最宝贵的财富。

第六节　远离社交障碍

经常听到有人自我怀疑道“我好像患了‘社交恐惧症’”，但是说这话的人中十个有九个都只是在表达对自己人际交往现状方面的不满意，很少有人认为自己真正患上了社交障碍。

社交障碍真的离我们很遥远吗？它虽然属于人们的一种心理障碍，会造成人们交往方面的问题，但是它并不可怕，并且在日常生活中还很常见。

毕业一年的小陆自认为并不是一个内向的人，但是经过一段时间的熟悉环境之后，她突然变得很焦虑。由于小陆的家不在本地，因此她也住在公司提供的集体宿舍中——说是集体宿舍，其实还是在一个家属院中，这个院子是公司之前专门为自己的员工建造的。于是，在这样的一个环境中，小陆不仅是上班，就连下班也会经常遇到同事。慢慢地，她的焦虑开始产生了。她下班后几乎不出门，因为出门后有时会遇到一些同事，还得打招呼；她总觉得自己刚来，别人都会觉得新鲜，会在背后议论自己，所以她不愿意将自己暴露在别人面前；她还不愿意和别人接触，觉得人与人之间的交往很麻烦，需要考虑许多因素，甚至什么话该说、什么话不该说还得动脑筋去想一想。小陆经常为这些担忧而愁眉苦脸，她有些怀疑自己是否出现了社交障碍。

没错，当一个人开始在人多的地方感到紧张，因此而不愿意和别人接触，觉得自己的一言一行都会被别人关注，经常担心自己会被别人嘲笑，那么这个人就可能已经出现了社交障碍。但是，正如我们上文所说，社交障碍其实并不可怕，因为几乎所有人都会在某个时刻突然感受到一种莫名其妙的社交恐惧。当我们看到小陆的某些情形时，我们会觉得她是那么亲切，就像是我们身边的朋友，或者像我们自己一样，这足以说明社交障碍在现代社会已经具有一定的普遍性。即使是那些口若悬河的演说家、经常面对镁光灯的明星，他们也会有紧张得手心出汗、言不达意的时候，更何况是我们普通人。那些为我们普通人所钦佩的演说家和明星，我们之所以看不到他们的社交恐惧，只是因为他们在恐惧来临的那一瞬间更好地克服了，让心理的变化和动摇在一瞬间就烟消云散。同样，只要我们肯努力，社交障碍也可以被克服。

就像古时行军打仗一样，“知己知彼，百战不殆”。要想克服社交障碍，首先我们需要了解社交障碍的一些常见表现和产生的原因。社交障碍的最常见表现就是害怕与人交往，当然随着程度的由浅到深，表现出的症状也会有所不同，最严重的社交障碍患者会拒绝与任何人接触，逐渐发展为社交恐惧症。社交恐惧症的发病率比较高，在发病人群中，女性的比例要高于男性。

一般说来，社交障碍的产生主要有以下几个原因：

一是外貌方面的原因。这一点尤其见于女性。在日常的人际交往中，我们会发现外貌有时也是一种优势，会为人们的交往带来许多便利。因此，会有许多人认为漂亮是成功的资本，一些外表上的缺陷会造成别人对自己的不重视和嘲笑，为了避免这种心理方面的打击而拒绝与人交往。

二是人格上的不健全。许多人都认为社交障碍患者可能会有一些异于常人的表现，如举止可笑、神经质等。社交障碍患者自身在心里也会觉得自己的社交技巧非常拙劣，会有一些不当的举止，而这些都会被别人看到，成为取笑自己的理由。但是事实上，如果我们真的将一个社交障碍患者放在人群之中，我们是不可能发现什么异常的。最多，他们比平常人性格内向、严肃些罢了，而这些也极有可能纯属性格原因。因此，真正的社交障碍患者其实都是由于自己人格方面的原因，如他们往往内心不够自信，有点过于追求完美等。

三是家庭教育方式的影响。家庭教育现在已经成为一个被人们普遍关注的问题，这是因为现代人越来越意识到家庭教育会对孩子的性格和与人交往的方式产生巨大的影响。家庭教育的方式有很多，除了比较合理的民主式之外，还有专制式、放任式等教育方式。粗暴的教育方式会对孩子动辄打骂、任意批评，丝毫不注意场合，不懂得尊重孩子。这样家庭教育方式下长大的孩子会特别在意自己在公共场合中的形象，也会因此对社交等公共场合产生畏惧，造成社交障碍。

四是错误的性教育方式。在正常的社交中，不仅有同性之间的交往，也有异性之间的交往，而且很多时候异性之间的交往甚至会影响同性之间的交往。比如异性交往容易对男女双方的性格产生互补性的影响，从而完善性格，使更多的同性也被吸引。而这种正常的交往形式则有赖于父母对青春期孩子的性教育。许多孩子在青春期的时候，父母，尤其是一些传统文化氛围比较重的国家的父母会忌讳孩子之间的异性交往，对性问题更是讳莫如深，将其视为一种不健康的东西。因此在这种观念影响下的孩子通常会对任何与性关联的刺激都非常敏感，来自异性的一个小小的玩笑都会让他们觉得恐惧，这些都会诱发社交障碍。

此外，自尊心过强、害怕别人拒绝，家庭经济条件不好、自卑，成长过程中发生的一些造成心理阴影的事件，成年后“输不起”的心态等，都会成为社交障碍产生的诱因。

了解了社交障碍产生的原因之后，我们就需要积极寻找方法去克服它，远离它。

克服社交障碍，我们首先需要充分认识社交对于我们生活和事业的重要性。对于成年人来说，社交不仅是我们发展人际关系的一个必要途径，也是我们展示自我风采的重要舞台。我们可能会因为一次成功的谈判便得到升职；也可能会因为与老板的一次交谈改变自己“埋在沙子里的珍珠”的处境；也可能会因为一次晚宴，邂逅梦中期待已久的白马王子、白雪公主……如果在这样的时刻我们退却了、逃避了，那么一定会抱憾终身。

二十九岁的庞某是一家企业的策划，非常有才华，也有很多好的创意和点子，做起工作来得心应手，却一直不能得到晋升。一次，庞某做了一个非常好的策划书，主管让她自己去公司高层会议上做汇报。庞某心知这是一次提升的好机会，然而走入会议室后的她却变成了另一副样子：她显得很拘谨，当着公司高层和老板的面，变得笨嘴拙舌。庞某结结巴巴地说了许多话，但是还是无法表达清楚自己的意思。汇报的时候，她的脑海里清晰地涌现出之前部门策划会时与同事们热烈的讨论以及创意产生时的灵感，但是一看到老板的眼神，她就一句话也说不出来了。看到庞某这个样子，老板的表情也变得严肃起来，这让庞某觉得更紧张了。最后，庞某羞愧地退出了会议室。此后，庞某更害怕这种场合了，她甚至害怕在其他场合遇见那些公司高层。

这样的表现也难怪庞某只能做一名普通的策划了——虽然她的策划书别具一格。显然，我们只在口头上重视社交对人们生活和事业的重要性是远远不够的，要真正做到远离社交障碍，我们还需要通过一些科学的方法和技巧。

适当地放松自我。当你内心感到紧张时，可以让两脚平稳站立，试着轻轻地把脚尖踮起，坚持几秒钟，然后再放下，同时，一边做有节奏的深呼吸，一边数数。一般做两组到三组，每组三十下，心理上的恐惧和紧张就可以得到缓解。

让手头有事情做。心理学家认为，双手空空会让人的社交恐惧感强化，而手里握着东西，则能够给人一定程度的安全感。就像我们常常习惯性地将手插在裤兜里一样，我国台湾地区名主播蔡康永在每次做节目的时候，都会把一支笔握在手里。让手有事情做，可以避免因为不知手该摆放在哪里带来的尴尬，这样就可以避免“手足无措”。

情境演练。有时我们会发现一件事情自己熟悉了以后，就会变得自在许多，这是因为熟悉感可以带给我们安全感。因此对于自己感到惧怕的社交场景，我们也可以经常在自己的脑海中进行预演，我们甚至可以把板凳、桌子等当成陌生人进行社交演练。时间一久，效果就一定可以显现出来。

选择目光友善的人作为交往对象。友善的人比较懂得如何尊重一个人，我们也比较容易从他们那里获得认可，进而建立我们的社交自信。因此在与陌生人交往时，我们可以优先选择那些目光友善的人作为交往的对象。

关注社交本身，而非我们自己的表现。社交是为一定的目的而存在的，而社交成功的一个必要因素就是双方的互相认可，因此在进行社交时，我们不必刻意压抑自己，去做出一些迎合别人的表现，而应将注意力转移到社交本身以及如何了解对方上面。这样一来，我们的社交心理也会变得轻松自然许多。

最后，请记得一定要保持自信。自信地面对我们将要面对的一切，和谐的人际关系和人生的幸福之路自会在我们的面前慢慢展开。

图书在版编目(CIP)数据

高情商沟通：提升个人竞争力的43个超实用心理策略 / 白丽洁著. —2版. —北京：中国法制出版社，2019.7

ISBN 978-7-5216-0288-3

Ⅰ. ①高… Ⅱ. ①白… Ⅲ. ①心理学—通俗读物
Ⅳ. ① B84-49

中国版本图书馆CIP数据核字(2019)第118834号

策划编辑：郭会娟（gina0214@126.com）

责任编辑：吕静云（lvjingyun0328@sina.com） 封面设计：汪要军

高情商沟通：提升个人竞争力的43个超实用心理策略

GAOQINGSHANG GOUTONG：TISHENG GEREN JINGZHENGLI DE 43 GE CHAOSHIYONG XINLI CELÜE

著者 / 白丽洁

经销 / 新华书店

印刷 / 三河市国英印务有限公司

开本 / 710毫米×1000毫米 16开 印张 / 13.5 字数 / 238千字

版次 / 2019年7月第2版 2019年7月第1次印刷

中国法制出版社出版

书号 ISBN 978-7-5216-0288-3 定价：42.80元

北京西单横二条2号 邮政编码100031 传真：010-66031119

网址：http://www.zgfzs.com **编辑部电话：010-66054911**

市场营销部电话：010-66033393 **邮购部电话：010-66033288**

（如有印装质量问题，请与本社印务部联系调换。电话：010-66032926）